崖城13-1气田高温超低压气井治理技术与实践

唐广荣　主编

YACHENG 13-1 QITIAN GAOWEN CHAODIYA QIJING
ZHILI JISHU YU SHIJIAN

 化学工业出版社

·北京·

本书系统介绍了高温超低压气井积液诊断、排水采气、堵控水、腐蚀防护及套损治理等方面取得的技术成果与典型案例，为高温低压气井积液治理、腐蚀防护、套损治理等环节提供可借鉴的宝贵经验，达到促进生产、更新技术、提高业务水平的目的。

　　本书可供从事油气田开发生产以及采油工艺的研究和方案实施的管理人员、技术人员阅读，也可供相关专业院校师生参考。

图书在版编目（CIP）数据

　　崖城 13-1 气田高温超低压气井治理技术与实践/唐广荣主编 . —北京：化学工业出版社，2019.7
　　ISBN 978-7-122-34295-9

　　Ⅰ. ①崖…　Ⅱ. ①唐…　Ⅲ. ①气井管理　Ⅳ. ①TE37

　　中国版本图书馆 CIP 数据核字（2019）第 067801 号

责任编辑：刘　军　冉海滢　张　赛　　　　　　　　装帧设计：王晓宇
责任校对：杜杏然

出版发行：化学工业出版社（北京市东城区青年湖南街 13 号　邮政编码 100011）
印　　装：北京虎彩文化传播有限公司
710mm×1000mm　1/16　印张 12　字数 138 千字　2019 年 7 月北京第 1 版第 1 次印刷

购书咨询：010-64518888　　　　　　　　　　　售后服务：010-64518899
网　　址：http：//www.cip.com.cn
凡购买本书，如有缺损质量问题，本社销售中心负责调换。

定　　价：128.00 元

本书编写人员名单

主　　编：唐广荣

编写人员：（按姓名汉语拼音排序）

范远洪　龚云蕾　贾　辉　廖云虎　穆永威

彭建峰　宋立志　王　闯　吴绍伟　谢乐训

于志刚　张德政　郑华安

| 前　言 |

经过二十多年的开发,崖城 13-1 气田已处于开发中后期,主力区块地层压力系数仅为 0.11～0.12,地层压力显著下降,气井自喷能力减弱。随着采出程度的逐步增加,水体活跃度加剧,气田产水量逐渐增加,受水体侵入的影响,少数井已积液停喷,部分井面临停喷风险,需及时采取措施,否则气田产能将受到影响;另外,部分井套管腐蚀严重,技术套管和生产套管腐蚀断裂,存在较大安全隐患,需及时采取措施。但受高温(180℃)超低压井况影响,一些措施难以开展,气田挖潜措施风险较大;且隐患治理需综合考虑安全因素和对气井产能的影响。

为解决上述生产作业过程中的疑难问题,中海石油(中国)有限公司湛江分公司井下作业及采油工艺团队开展了大量的研究与实践工作,在持续的研究和实践过程中,取得了一些重要的经验和理论成果。研究团队及时地总结了这些技术,主要涵盖高温超低压气井积液诊断、排水采气、堵控水、腐蚀防护及套损治理等方面取得的技术成果与典型案例,为高温低压气井积液治理、腐蚀防护、套损治理等提供了可借鉴的经验,达到了促进生产、更新技术、提高业务水平的目的。

希望本书能够在海上油田油气井大修作业及各相关企业、科研单位、院校的生产和科研中发挥应有的作用。

唐广荣

2019 年 2 月

| 目　录 |

1

绪论

1.1　崖城 13-1 气田地质油藏概况

崖城 13-1 气田区域构造位于南海北部海域琼东南盆地崖南凹陷的西北端，气田水深 91m。该气田陵水组三段构造为 NW-SE 向的背斜构造，西南翼被 1 号断裂切割而复杂化，断层上升盘一侧为较简单的半背斜。

1.1.1　构造特征

崖城 13-1 气田构造是在基底隆起上发育起来的继承性构造，晚渐新世-早中新世发育的断裂活动，将构造进一步抬升，使构造顶部遭受剥蚀，导致主要含气层砂岩顶部缺失，形成一个秃顶的背斜构造。

气田范围内，陵水组三段构造主要断层走向是近东西向的 A 断层，将构造分为南北两块，次一级断层主要为北西向和南北向两组，均与 1 号大断层呈一定角度。构造南部有一近东西向的断层，大致与 A 断层平行，使南块断层复杂化。

气田在三亚组和陵二、三段地层钻遇气藏，即陵三段主力气藏、陵二段楔状体 B1 气藏和三亚组楔状体 A。

陵三段气藏构造特征：前第三统花岗岩、变质岩基底隆起上继承性发育起来的披复背斜。

陵二段楔状体 B1 的构造特征：构造形态为半背斜构造，构造顶部被剥蚀，发育一些近东西向的小断层。

三亚组楔状体 A 的构造特征：岩性圈闭构造，由西向东倾斜，无断层。

1.1.2 储层特征

气田的主要含气层为古近系渐新统陵水组三段砂岩，其次是新近系三亚组的楔状体 A 及陵水组二段的楔状体 B。

陵水组三段砂岩是由海陆过渡相-浅海相并受潮汐影响的扇三角洲所组成的复合沉积体，其下部陆相沉积较多（弱海相），向上海相沉积增多（强海相），仅在构造高部位受到剥蚀，含气层的分布与砂岩体的分布一致，平均有效厚度 89.1m，共划分 4 个气组 10 个小层。气层岩性为细-粗粒长石碎屑砂岩，分选差-好，孔隙度 11%～21%，平均有效孔隙度 14.4%。空气渗透率 10～1000mD，平均有效渗透率

87.18mD。主要储集空间为砂岩孔隙，以原生粒间孔和溶蚀孔组成的复合孔隙为主，并有少量的晶间孔。孔隙直径为 $1\sim200\mu m$，平均 $125\mu m$。孔喉半径随物性变好而增大，喉道半径为 $1\sim19\mu m$。

楔状体 A 主要是障壁滨岸沉积环境下发育的一套以障壁岛为主的砂岩，主体砂岩有效厚度 70.2m，以中粗石英砂岩夹薄层砾岩为主，岩性纯净，净毛比高达 99.1%，平均孔隙度 14.5%，渗透率高达 1653mD，含气饱和度 92.7%。

楔状体 B 以泻湖环境为主，井点有效厚度 6.5m，平均孔隙度 13.3%，渗透率 292.9mD，含气饱和度 52.2%，净毛比 32.8%，以细砂岩为主。

1.1.3　温压系统

崖城 13-1 气田陵三段属正常的温压系统，气藏中深温度 176℃，温度与深度的关系为：

$$T=24.45+0.03981H \tag{1-1}$$

式中　T——地层温度，℃；

　　　H——垂深，m。

崖城 13-1 气田压力系数为 1.03，南块压力与深度的关系式为：

$$P=30.3021+0.002121H \tag{1-2}$$

式中　H——垂深，m；

　　　P——地层压力，MPa。

北块采用生产井的 RFT 压力资料建立回归关系，相关性很好，回归公式为：

$$P=31.3769+0.001881H \tag{1-3}$$

式中　H——垂深，m；

　　　P——地层压力，MPa。

采用 RFT 压力回归的方程计算，陵三段南/北块气藏中深压力相同（38.5MPa）。

陵二段气藏属正常压力系统，压力梯度与陵三段北块相同。

三亚组气藏属正常压力系统，具体压力方程如下：

$$P = 30.84 + 0.001873H \tag{1-4}$$

式中　P——地层压力，MPa；

　　　H——垂深，m。

1.1.4　流体性质

陵水组三段气藏的天然气是含少量凝析油的干气。相对密度 0.684，甲烷含量 83.87%，CO_2 含量 7.65%，H_2S 含量小于 50mL/m^3，偏差系数 1.082，临界压力 4.768MPa，临界温度 -66.45℃，凝析油含量为 59.7g/m^3，凝析油具有高含蜡和高凝固点的特点，相对密度 0.8179。气藏地层水相对密度 1.0194，氯根 12930mg/L，总矿化度 23510mg/L，水型为碳酸氢钠型。

楔状体 A 气藏流体性质与陵水组三段气藏相近，天然气中 CO_2 含量为 6.94%，甲烷含量约 83.94%；凝析油相对密度约 0.84。

1.1.5　气藏驱动类型

陵水组三段气藏按圈闭类型应属构造-地层圈闭气藏，上倾方向尖灭或构造遮挡，低部位有少量边水；从气、水分布位置划分应属边水气藏，边水体积用钻遇的陵三段水层平均参数（净毛比与孔隙度），地震亮点或大断层圈闭范围计算陵三段边水连通水砂体积，边水体积为含气孔隙体积的 2.1～3.1 倍。

楔状体 A 气藏属岩性气藏，无边底水的影响，是一个衰竭式开采的弹性定容气藏。

崖城气田驱动类型属弹性气驱为主加局部弱边水驱。

1.2　崖城 13-1 气田开发现状

崖城 13-1 气田各区各井经多次射孔补孔后，纵向上射开程度较高。目前，该气田 2 口井积液停喷，1 口井因工程问题关井不能生产，2 口井因物性差等原因停喷；全气田凝析油气比约为 $0.37 m^3/10^4 m^3$，水气比约为 $2.05 m^3/10^4 m^3$，比较稳定。由于气藏已处于超低压（压力系数约 0.12）开发阶段，气田采用降压开采技术保证稳定开采。

1.2.1　气田生产动态特征

经过二十多年的开发，崖城 13-1 气田目前有 N1 块、WA 块、S1 块、S2 块、S3-1 块在生产，且取得了丰富的动、静资料，多年的生产动态分析表明气田表现为如下生产动态特征。

（1）气田初期产能旺盛，目前已有大幅度下降　气田投产初期生产能力旺盛。经历了长达二十多年的高效开采，目前，在生产的气井产量均有较大的下降，个别井已停产，部分井需依靠降压才能维持生产。

（2）气田压降稳定，动储量目前趋于稳定　各井定产量下的井口压降表明气田压降稳定，特别是北块各井压降几乎一致，通过压降法计算的动储量已趋于稳定。

（3）气田地层压力系数较低　气田各井区分别通过井口及钢丝作业测压，主体区块地层压力系数仅为 0.11～0.12。

（4）气田部分生产井 CO_2 含量有缓慢上升趋势　崖城 13-1 气田各井气体组分中 CO_2 含量均有上升趋势，部分 CO_2 含量较高的井都已超过 12%。

（5）气田油气比稳定，水气比呈稳中有升趋势　气田凝析油气比稳定，在 $0.36m^3/10^4m^3$ 左右；随着气田采出程度的逐步增加和地层压力的递减，水气比自投产初期的 $0.11m^3/10^4m^3$ 上升至 $2.05m^3/10^4m^3$，目前水气比呈平稳且略有上升趋势。

1.2.1.1　N 块生产动态

N 块根据断层分布成 N1、N2、N3 三个区域，历年动态分析表明三块之间是连通的，其中 N1 块物性好，总体开发特征表现为井间连通性较好，开发井基本维持正常生产；N2 块开发井已积液停喷；N3 块开发井因物性差、积液等也已停喷。

N 块在产井有 3 口已见水，其中 1 口井进行堵水作业效果较好，目前，N 块水气比约为 $2.17m^3/10^4m^3$，凝析油气比大约为 $0.33m^3/10^4m^3$。

1.2.1.2　WA 块生产动态

WA 总体特征表现连通性好，产量高，压降稳定，1 口井是目前气田生产状况最好的 1 口生产井；1 口井已停喷，处于关井状态。目前，WA 块水气比约在 $1.67m^3/10^4m^3$，凝析油气比大约为 $0.32m^3/10^4m^3$。

1.2.1.3 S1 块生产动态

S1 块开采层位为陵三段，有 1 口井在生产，该井进行堵水及更换管柱作业后仍产水，测试产能较低，一直维持间歇生产。目前，S1 块水气比约为 $3.82m^3/10^4m^3$，凝析油气比大约为 $0.65m^3/10^4m^3$。

1.2.1.4 S2 块生产动态

S2 块开采层位为陵三段，有 1 口井在生产，该井进行堵水及更换管柱后，下部堵水成功，但修井液进入地层导致该井储层污染，造成该井产能较低，处于间歇生产状态。目前，S2 块水气比约为 $1.95m^3/10^4m^3$，凝析油气比大约为 $0.70m^3/10^4m^3$。

1.2.1.5 S3-1 块生产动态

S3-1 块仅有 1 口生产井，开采层位为陵三段。目前，S3-1 块水气比约为 $0.16m^3/10^4m^3$，凝析油气比大约为 $0.44m^3/10^4m^3$。

1.2.2 储层压力分析

采用最新的静压梯度测试资料、各井关井井口压力，根据崖城 13-1 气田建立的管流计算程序对各井关井后的井口压力进行了折算。

1.2.2.1 静压分析

（1）N1 块静压分析　根据所测数据绘制静压梯度图如图 1-1 所示，折算气层中深静压为 4.59MPa，压力系数 0.12，对应的压力梯度方程为：

$$P = 0.000236H + 3.6862 \tag{1-5}$$

式中　　H——垂深，m；

　　　　P——压力，MPa。

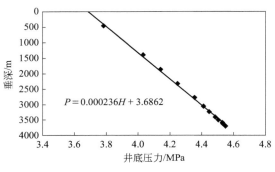

图 1-1　N1 块静压梯度图

（2）WA 块静压分析　根据所测数据绘制静压梯度图如图 1-2，折算气层中深静压为 4.60MPa，压力系数 0.12，对应的压力梯度方程为：

$$P = 0.000247H + 3.6607 \tag{1-6}$$

式中　　H——垂深，m；

　　　　P——压力，MPa。

（3）N3 块静压分析　根据所测数据绘制静压梯度图如图 1-3，折算气层中深静压为 25.27MPa，压力系数 0.71，对应的压力梯度方程为：

$$P = 0.001695H + 19.14198 \tag{1-7}$$

式中　　H——垂深，m；

　　　　P——压力，MPa。

（4）S1 块静压分析　根据所测数据绘制静压梯度图如图 1-4。折算气层中深静压为 9.25MPa，压力系数为 0.25，对应压力梯度方程为：

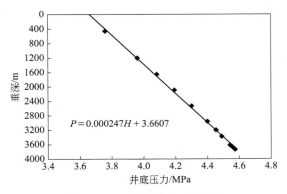

图 1-2　WA 块静压梯度图

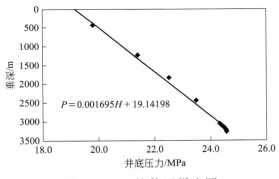

图 1-3　N3 块静压梯度图

$$P = 0.000568H + 7.0844 \qquad (1\text{-}8)$$

式中　H——垂深，m；

　　　P——压力，MPa。

（5）S2 块静压分析　根据所测数据绘制静压梯度图如图 1-5。折算气层中深压力为 9.89MPa，压力系数为 0.26。对应压力梯度方程为：

$$P = 0.000604H + 7.5842 \qquad (1\text{-}9)$$

式中　H——垂深，m；

　　　P——压力，MPa。

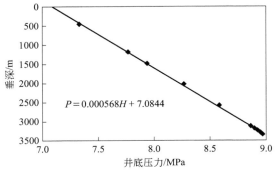

图 1-4   S1 块静压梯度图

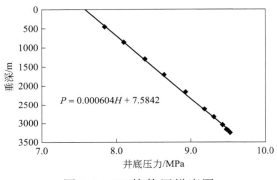

图 1-5   S2 块静压梯度图

1.2.2.2 井口压力折算

（1）N1/N2/N3 块井口压力折算   对 N1、N2、N3 块的生产井进行多次关井读取井口压力数据，采用管流计算程序进行井底压力的折算，除个别井折算地层压力略低外，其余井折算井底压力与实际静压测试井底压力基本一致。

（2）S 块井口压力折算   对 S1/S2 块的生产井进行多次关井读取井口压力数据，采用管流计算程序进行了井底压力的折算，折算的 S1/S2 块压力系数分别为 0.24/0.26，与静压测试压力系数基本相同。折算的 S3-1 块地层压力为 5.46MPa，压力系数为 0.15。

（3）WB1 块井口压力折算   对 WB1 块的生产井进行多次关井读

取井口压力数据，采用管流计算程序进行井底压力的折算，折算的压力系数为 0.55，与历次静压测试相同，地层压力未出现明显下降。

（4）WA 块井口压力折算　对 WA 的生产井进行关井读取井口压力数据，折算 WA 块地层压力为 4.60MPa，压力系数为 0.12，与静压测试压力系数基本一致。

1.2.3　气田开发存在问题

（1）地层压力系数低、自喷能力弱，井下措施实施困难　目前主体区 N1 块地层压力系数仅为 0.12 左右，N2 块压力系数 0.16，N3 块 0.50，S1、S2、S3-1 块压力系数分别为 0.25、0.26、0.16，WA 块 0.12，NT 块 0.71。低压导致部分井自喷能力减弱，为提高气田整体采收率，目前，仅能通过井口降压生产，包括：湿气压缩机降压及射流泵降压，采用湿气压缩机降压使入口压力从 2.51MPa 降至 1.38MPa，增气 $78 \times 10^4 \mathrm{m}^3/\mathrm{d}$；进一步降低至 1.10MPa，再增气 $30 \times 10^4 \mathrm{m}^3/\mathrm{d}$；目前，将压力降至 0.69MPa，预计还可增气 $5.2 \times 10^8 \mathrm{m}^3$。射流泵降压工艺正处于试验阶段，预计可将压力降至 0.35MPa，将视情况对低效井实施。

崖城 13-1 气田已进入开发中后期，地层压力显著下降，另外受气井深度及地层温度的限制，一些措施很难展开或进展缓慢。

（2）气田见水后产能受到影响　随着采出程度的逐步增加和地层压力的递减，水体的活跃程度加剧，气田产水量不断增加，水气比上升趋势明显。综合氯根含量与凝析水研究，气田已有地层水侵入。

部分生产井受水体侵入影响，水气比升高，压降快，面临停喷的风险，若不及时采取调整措施，气田产能将受影响。

（3）动静储量差异大，挖潜措施风险大　气田区块间动用关系非常复杂，除 NT、S2、WA 是独立区块外，N3、S1、S3、WB1 区块都被 N 块主体动用，存在储量漏失现象，动用关系复杂，调整挖潜风险较大；各区块动储量均低于地质储量。通过近年来动储量计算结果来看，气田近 13 年来动储量没有明显提高，气田开发已经进入拟稳态阶段，内部区块采出程度高，挖潜潜力小。

（4）气水分布复杂，低渗层位难开发　崖城 13-1 气田气水分布情况较为复杂，陵三段、陵二段气藏除构造最高部位被剥蚀形成"秃顶"而不含气外，构造高部位钻遇的陵三段全部含气，但崖城组基本不含气，三亚组整个砂体全充满气。水层分布复杂，除南 1 块与北块处于同一气、水界面，其余都是孤立的水体，气田整体水顶—气底深度不统一。

调整井钻遇的 NT 及 WB1 区都属于低渗地层，开发效果不佳，面临低渗气藏难开发的问题。

（5）部分井套损严重，安全风险大　崖城 13-1 气田部分井套管存在不同程度腐蚀情况，个别井 13-3/8"（1"＝2.54cm）技术套管及 10-3/4"生产套管均腐蚀断裂，仅剩 7"油管一道安全屏障，一旦屏障泄漏，后果将不堪设想。部分井套损情况有待进一步验证，根据检验情况相应采取治理措施。

2

气井积液诊断技术与实践

　　崖城 13-1 气田采出程度逐步增加，地层压力递减，水体的活跃程度逐步加剧，气田见水迹象日益明显。部分生产井受水体侵入影响，水气比升高，压降快，面临停喷的风险，其中 N1 块 3 口井见水，S1 块 1 口井见水，N2 块 1 口井已水淹。目前，见水井中 2 口井带液生产，1 口井由于换套作业关井导致积液停喷，亟待诱喷复产。

　　崖城 13-1 气田已处于开采中后期，由于地层压力下降、生产制度调节、边底水活跃程度加剧，气井见水现象日益严重。气井出水使单相气流转变为气水两相流，不仅造成气相渗透率降低，同时消耗大量地层能量。当气相流速太低，不能提供足够的能量以携带出井筒中的液体时，液体将与气流呈反方向流动并积存于井筒内，形成井筒积液，降低生产压差，造成气井低产甚至停产。同时在井筒回压、岩石润湿性等不利因素作用下气层易发生反渗吸伤害，气相渗透率进一步降低，导致产能下降，增大了单井废弃产量。井筒积液已成为制约气井产能的重要因素之一，亟需开展针对性研究，延长气井生产周期，提高气田采收率。

2.1 气田见水分析

崖城 13-1 气田部分生产井自 2007 年以来已经表现出受凝析油、凝析水和边水侵入的影响，产气量明显下降、个别井产水（液）量和水气比呈明显上升趋势，地层水侵入现象明显。

2.1.1 水气比分析

气藏形成过程中始终伴随地层水共存。气藏的气态流体中也总是含有水蒸气，如果有共存水存在，水蒸气将总是处于饱和状态。水蒸气含量高低主要与储层温度、压力、气体组成、液态水的含盐量等有关。显然，温度越高水蒸气含量也越高；而压力、气体中重烃和 N_2 含量高或水中含盐量高，会使水蒸气含量降低；气体中 CO_2 和 H_2S 含量高会使水蒸气含量上升。

由相关公式可以推算出目前地层压力下的生产凝析水气比：

$$WGR = 1.6019 \times 10^{-4} A \left[0.32 \times (0.05625T + 1) \right]^B C \tag{2-1}$$

$$A = 3.4 + 418.0278 / P \tag{2-2}$$

$$B = 3.2147 + 3.8537 \times 10^{-2} P - 4.7752 \times 10^{-4} P^2 \tag{2-3}$$

$$C = 1 - 4.893 \times 10^{-3} S - 1.757 \times 10^{-4} S^2 \tag{2-4}$$

式中　WGR——水气比，m³/10⁴m³；

　　　　T——地层温度，℃；

　　　　P——地层压力，MPa；

　　　　S——NaCl含量，%；

　　　　C——矿化度校正系数。

将现场气井实际水气比随地层压力的变化作图并与之比较，若现场水气比大于理论计算饱和含水量，说明地层存在大量的边、底水或游离态的可动隙间水进入井筒；如现场产水量小于理论计算饱和含水量，说明地层条件下凝析气中气态凝析水含量未达饱和，产出水以凝析水为主。

根据该方法对崖13-1气田的11口生产井近期产水情况进行了分析，见表2-1。

表 2-1　崖城 13-1 气田生产井水气比分析

井号	地层压力/MPa	地层温度/℃	计算水气比/(m³/10⁴m³)	生产水气比/(m³/10⁴m³)	是否有地层水
A	13.28	174.4	0.513	0.45	无
B			0.514	1.1	有
C	13.26	174.4	0.514	0.54	有,少量
D			0.514	0.48	无
E	12.91	174.4	0.52	0.8	有
F			0.514	0.4	无
G			0.514	1.5	有,已水淹
H	16.49	174.4	0.446	0.46	无
I			0.52	2	有,已水淹
J	13.64	174.4	0.507	2	有
K	14.21	174.4	0.497	1.42	有

由上表可见，有7口井（B、C、F、G、I、J、K）的生产水气比高于饱和凝析水含量，表明这7口井已产出部分地层水（其中G、I

井已被水淹），其中 J、K 井的生产水气比明显高于饱和凝析水含量，地层出水量较大，见水趋势明显；北块 B、C、E 井生产水气比略高于计算水气比，说明见水量不是很大；而 A、D、F、H 的生产水气比与饱和凝析水含量相当，暂时没有产出地层水。

2.1.2 氯根含量分析

Cl^- 含量的变化情况能在一定程度上反映地层水的侵入程度，当气井所产水由凝析水变为边底水时，Cl^- 含量或矿化度往往有较大的变化。从 Cl^- 含量的变化情况看：

（1）A、D、F、H 各井 Cl^- 含量变化不大，含量大多在 100mg/L 以下，所产水主要应为凝析水。

（2）B、C、E 各井氯根含量逐年增高，已上升到 1000mg/L 以上，这几口井均位于气田的低部位，距离内部气水界面近，边水侵入导致矿化度变化的可能性大。

（3）I 井 Cl^- 含量显著高于其他井（10000mg/L 左右），通过见水原因分析，认为该井由于固井质量差而发生水窜。G 井 Cl^- 含量自投产至今含量相对稳定但也明显高于其余井（1000mg/L），取水样分析已发现该井井筒内出现地层水。

（4）J、K 井 Cl^- 含量已上升至 3000～5000mg/L，氯根含量变化趋势明显，可能存在边水侵入的影响。

除 G、I 井已证实出水外，单纯从 Cl^- 含量的变化情况看，A、D、F、H 井所产水主要为凝析水，B、C、E、J、K 有较明显的地层水侵入，与前述利用水气比的分析与生产统计数据的分析结果完全一致。

2.1.3　出水来源分析

找出气田的出水来源，对下步措施研究起着重要作用。根据地质油藏综合研究，认为地层水主要来自气田边底水及自身孤立水体，而见水井出水来源并不完全相同。

针对 I 井水淹现象，进行系统的出水机理研究，认为该井出水原因是固井质量差导致高压底部水层发生管外窜。气田外部边水有趋近的可能，陵三段水体大小为崖城 13-1 气田的 2～3 倍，N 块的气水界面为－3960m。G 井砂层为孤立水体，水顶深度为－3822m。南块 J 井与 N 块同一气水界面－3690m。K 井气水界面为－3920m。I 井 A、B 砂层为独立水体，水顶深度为－3686m。通过分析发现，水气比同生产井距气水界面的距离有一定的关系，对比发现，生产井初期水气比与目前生产水气比的增加值随着垂直距离的减小而增大，随着水平距离的减少而增大，这就说明了 B、C、E、J、K 井生产水气比的增加是由边水的侵入所致。G、I 井不符合上述规律，通过分析认为 G 井地层水主要来自下部孤立水体，但也不排除边水趋近的可能性。

2.2　积液诊断技术现状

由于井筒积液对气井的生产造成很大的影响，因此及时了解积液情况、探测和判断积液深度，是气田动态监测的一项重要内容。

2.2.1　积液诊断与预测技术

从形成的原因上看，可以将井筒积液定性地分为：①地层中的自由水或烃类凝析液；②井筒热损失导致天然气凝析而形成凝析液体；③钻井、射孔、完井、酸化或压裂等过程中，渗入储层的外来液体。气井生产过程中井底是否存在积液，常用的判断方法见表 2-2。

表 2-2　积液诊断与预测方法

方法	所需参数	判断准则	适用范围	应用效果	备注
经验判断法	产气量、产液量等	短期内异常波动	全部	一般	可行
模型预测法	临界携液流量、压降梯度	比较临界携液流量与实际产气量，流动参数分析	全部	好	重点研究方向
压力曲线法	实测各点压力值	压力变化突然增大，或出现波动	井斜小于60°	很好	受井斜影响水平井作业难度大
液面监测法	实测液面高度	根据声波在井筒内的反射界面，获取液面	井筒清洁	好	海上未应用
液面探测法	同时测得温度、压力和磁性定位等参数	根据测试数据定量分析积液深度	井斜小于60°	很好	受井斜影响水平井作业难度大
持液率比较法	井口生产数据	比较理论持液率和实际持液率	低气液比气井	一般	需补充测压数据
计算法	凝析水量、实际产水量	比较凝析水量与实际产水量	生产初期无自由水产出	一般	可行
油套压判断法	井口油压、套压	油压与套压压差	井下无封隔器	一般	油套不连通
试井分析法	气井稳定试井曲线	分析试井曲线是否出现异常	能够进行试井测试	好	调整生产制度生产不稳定

上表所列的井筒积液判断方法中，模型预测法是通过理论计算来模拟井筒中流体的实际流动状态，进而得到流体在井筒中任意位置的特性参数。该方法不需要对井筒压力、温度等进行实测，比一般的经验判断方法可靠性高，因此得到了广泛的应用。

2.2.2 适用性分析

崔城 13-1 气田已出现积液现象的生产井主要是边底水侵入导致，凝析水量计算法并不适用；海上气井油套环空带有封隔器，正常井况下套压与油压无对应关系，因此井口油套压判断法也不适用；气井调整生产参数后生产不稳定，得不到有效的试井曲线，且频繁改变生产制度亦造成气井不良响应，导致积液进一步加剧，因此也无法根据试井曲线法判断积液。

目前积液诊断的方法有 9 种，通过初步梳理，适用于海上气井的积液诊断技术有 7 种。其中，产量变化经验判断法主要为定性分析，判断结果粗略。实测压力曲线法是实测各井段压力值判断积液情况，但大斜度井或水平井，受常规测压作业条件限制，无法获取井斜角大于 60°井段的压力数据，因此对于水平井的积液情况也难以判断。回声仪液面监测常用于陆地测试，在海上未应用。综合考虑积液诊断技术应从模型预测法进行突破。

常用的积液诊断模型包括临界携液流量预测模型和压降梯度预测模型，其中临界携液流量和压降梯度是积液诊断和指导排水采气措施的两个重要参数，而针对水平井往往理论计算结果与实测数据相差较大，因此需对预测模型进行优化。

2.2.3 气井携液理论模型

气井生产时产出地面的液体由三部分组成：凝析水、地层水、凝析油。当气井产量较大，井筒中的气体流速比较高时，液体能够被带出井筒而不会出现积液。随着气井的生产，气藏压力、产气量不断下降，水气比不断升高，当产气量低于某一个值时，气体的流速将不能把井筒中的液体带出地面而在井筒中累积起来，导致井筒积液，对井底的回压增大，影响气井正常生产甚至造成气井水淹停喷。而能够把液体带出井筒的气体最小流速就是气井的携液临界流速，对应的地面标况下的流量为气井的携液临界流量。临界携液流速的计算模型目前主要有两大类：液滴模型和液膜模型。

2.2.3.1　液滴模型

液滴模型认为液滴是液体在井筒中的主要表现方式，从而假设排出气井积液所需的最低条件是使井筒中的最大直径液滴能连续向上运动。对最大液滴在气流中的受力情况进行分析，当气体对液滴的曳力等于液滴的沉降重力时，可以确定气井的携液临界流量，如图 2-1所示。

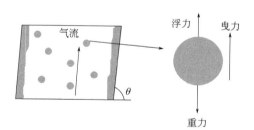

图 2-1　液滴在气流中的受力分析

Turner 等（1969）最初对最大液滴进行了受力分析，假设液滴是圆球状，临界韦伯数为 30，将曳力系数取为 0.44，最终推导出液滴携带临界气流速计算方法。Turner 等利用矿场生产数据验证模型，发现将模型计算值上调 20% 更接近实际情况，最终系数取为 6.6。这一理论成为预测气井临界携液流量的经典算法。

Coleman 等（1991）利用 Turner 模型对多口井口压力低于 3.45MPa 的气井进行计算，结果表明，Turner 模型在不上调 20% 的情况下，能更好地预测连续携液临界气流量。

Nosseir 等（2000）在 Turner 模型的基础上进一步研究，利用雷诺数对流型进行划分，并推导了层流、过渡流、紊流条件下的临界携液气流速度计算模型。

王毅忠等（2007）认为液滴被气流携带向上的过程中会发生形变，呈球帽状，对液滴进行受力分析，将曳力系数取为 1.13，推导出了球帽状液滴模型。该模型计算的临界携液流量是 Turner 模型的 34%。

Robert 等（2010）认为，井筒中的压力和温度对临界携液气流速和气流量的影响较大，而井筒中不同位置的压力和温度是不断变化的。因此，在计算气井临界携液流量时，需要计算不同井深处的临界携液流量值，取其中的最大值作为整个气井的临界携液气流量值。

Veeken 等（2010）在环雾流实验所观察到的最大液滴对应的临界韦伯数小于 10，根据 Turner 模型反算，对应的液滴尺寸应大于 7.6mm，而实验中并未观察到这么大尺寸的液滴，因此 Veeken 认为气井积液的本质不是液滴回落，而是液膜的反向流动。

Dotson 等（2011）从能量的角度来解释气井积液现象，当气井开始积液时，可利用柱塞、泡排、电潜泵等人工举升方式补充地层能量排出井底积液。

王志彬等（2011）认为液滴尺寸差异对液滴携带临界气流速的影响也很大，为此综合考虑液滴尺寸差异和液滴形状特征的影响，由液滴质点力平衡理论和能量守恒原理导出了不同临界韦伯数下液滴携带临界气流量预测模型。但是该模型还需提出不同流动条件下液滴最大尺寸或临界韦伯数的计算方法，同时提出的形状特征参数计算方法需进一步利用实验数据进行验证。

发展至今，国内外的各种液滴模型大多是针对垂直管提出的，而倾斜管中液滴模型基本都是对垂直管液滴模型进行角度项修正得到。且对于水平段，曳力在水平方向上的分量没有力与之平衡。由于目前对水平段的携液机理的研究尚不成熟，在实际生产过程中，应用修正模型计算得到的临界携液流量对于水平段并不适用，无法合理指导水平气井的生产。

2.2.3.2 液膜模型

液膜模型认为液膜是导致积液的主要因素，积液的发生与液膜的反向流动密切相关。液膜向上运动是由运动气流作用于气液界面产生的剪切力 t_i 克服液体重力与管壁剪切力 t_w 的结果，如图 2-2 所示。当液膜的自身重力大于气流作用于液膜上的曳力时，井筒四周液膜就会发生反向流动导致井筒积液。

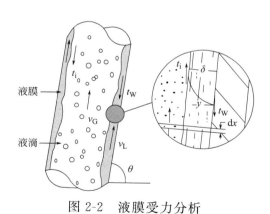

图 2-2 液膜受力分析

目前有学者认为连续携液时，气井中的流型为环雾流。此时液膜在壁面剪切力、气流的剪切力以及自身重力的作用下沿管壁向上、向下流动或静止，液膜由向上流动转变为向下流动的临界点，即液膜相对于管壁静止时，管壁对液膜的剪切力值在零上下波动，故此时的压降梯度最小。

Zabaras 等（1986）研究指出，通过预测压力梯度最小时的气流量来判断气井是否积液不可取，因为生产中发现，许多气井产量低于压力梯度最小对应的气流量却可稳定生产；并指出，用压力梯度最小条件下的气流量与实际气流量进行比较能更好地判断气井处于上升环雾流或积液加载区。

Fore 和 Dukler 等（1995）考虑液滴的夹带与管壁之间的碰撞与沉降，由力平衡原理导出了压力梯度与气流速等的关系。对于给定液流量，当气流量逐渐增加，压降梯度先增大再逐渐降低，当气流量增加到某一临界值时，压力降梯度会逐渐增大。压力降梯度由小增大的气流量为液膜逆向流动的气流量。

Amaravadi 等（1993）根据水平圆管内分层流理想化模型，假设相间不存在热量、质量传递和相变过程，建立微倾斜圆管内气、液两相动量平衡方程。他认为在携液临界流动状态，存在一个临界平均液膜厚度，由该临界平均液膜厚度来预测其携液临界流速。

Williams 等（1996）认为液滴的携带是液膜的携带率与液滴的沉降率平衡的结果，以此为基础建立液滴携带率 E 与气速 v_G 之间的关系式，在携带率 E 值比较小的前提下，推导出以水平管携带-沉降机理为基础的液体连续携带模型。

水平管 Kelvin-Helmholtz（K-H）波动理论认为，当水平管中压力变化所产生的抽吸力作用于界面波，并达到可以克服对界面波起稳定作用的重力时，就会发生 K-H 不稳定效应，导致界面波生长。随着气速的不断加大，界面不稳定波的不断增长就会导致液滴的形成与管道中液体的连续携带。Lin 等（1986）对气液两相的质量、动量方程进行了线性稳定分析，假定气液流动可以表达成一个平均流动和一个扰动流，同时假设气相与液相都是非黏性的，并具有相同的平均流动速度，建立 K-H 波动不稳定发生的水平管连续携液模型。Andritsos 等（1987）研究发现，在气速大约是形成 K-H 不稳定波动的两倍时就能导致液滴的雾化，他们在气液比较高的情况下忽略 v_t 的影响，建立基于 K-H 不稳定波动的连续携液模型。

肖高棉等（2010）考虑倾斜角的影响，假设液膜流动为稳定层流，液膜为不可压缩牛顿流体，建立稳态层流液膜流动的控制方程，通过边界条件对方程进行求解，得到倾斜管连续携液液膜模型，但模型假设液膜厚度在倾斜管管壁四周是均匀一致的，这与实验观察到管道底部液膜厚度远大于顶部液膜厚度的结论相悖。

国内外的各种液膜模型大多是针对垂直管提出的，而倾斜管中液膜模型基本都是对垂直管液膜模型进行角度项修正得到，但水平段、倾斜管中液膜的分布与推移和垂直管存在极大的差异。目前对水平段的携液机理的研究尚不成熟，在实际生产过程中，应用修正模型计算得到的临界携液流量对于水平段并不适用，无法合理指导大斜度井和水平井的生产。

2.3 预测模型修正

2.3.1 井筒分段压降预测模型

受大斜度井及水平井井筒条件限制了测试工具无法下放至水平

段，开关井易造成见水气井不良响应，海上作业成本较高等多因素影响，气井见水后往往无法获取测试压力资料，影响了大斜度井或水平井的井筒压力预测精度。部分气井在完井阶段下入了永久式井下压力计，因此利用不同时间下流压实测值与理论计算值进行对比分析，优选适用于崖城 13-1 气田的井筒压降模型。

由于水平气井不同深度气液两相流态差异较大，根据直井段（<5°）、斜井段（5°～85°）、水平段（>85°）三段式进行考虑，组合形成水平井压降模型，用以预测水平井井筒压力。

（1）直井段与斜井段压降模型　目前工程上常用的直井段压降模型主要为 Hagedorn&Brown（H-B）、Duns&Ros（D-R）、Ansari 以及 Gray 4 种，斜井段压降模型主要为 Beggs&Brill（B-B）、Mukherjee&Bril（M-B）、Dukler 3 种。应用 PIPESIM 软件对各模型进行组合模拟，将模拟数据与井下压力计实测数据进行对比分析，优选出适用于崖城 13-1 气田的最佳压降预测组合模型。以该气田 3 井为例，完井阶段在斜深 2217m、井斜角 73°处下入了永久式井下压力计，以该井从见水初期到见水后期不同时间下的压力实测值为参考，应用各组合模型对该点流压进行模拟，计算结果见表 2-3。

12 种组合模型中，Gray-Dukler 的组合模型平均绝对误差最小，仅为 2.03%，在工程误差范围内。虽然 Ansari-Mukherjee&Bril、Hagedon&Brown-Mukherjee&Bril 组合模型的平均相对误差更小，但针对某一时刻的压力计算值误差较大，无法准确模拟计算气井不同见水时期下井底真实流压。因此直井段选择 Gray 模型，斜井段选择 Dukler 模型，计算精度较高，可用于崖城 13-1 气田大斜度井的井筒压降预测。

表 2-3 不同时间下流压理论值与实测值对比表

方法		2217m 处流压/MPa				平均相对误差	平均绝对误差
		2013.5.3	2013.11.11	2014.4.16	2014.6.9	—	—
井下压力计实测		12.74	12.29	11.49	11.22	—	—
H-B	B-B	13.01	13.20	12.19	11.85	5.31%	5.31%
H-B	M-B	12.47	12.05	11.72	12.32	1.93%	3.97%
H-B	Dukler	12.90	13.02	10.88	12.08	2.39%	5.04%
D-R	B-B	13.27	13.90	12.88	12.08	9.26%	9.26%
D-R	M-B	12.75	12.76	11.57	12.54	4.09%	4.09%
D-R	Dukler	13.17	13.73	12.42	12.30	8.20%	8.20%
Ansari	B-B	12.93	13.31	12.29	11.56	4.95%	4.95%
Ansari	M-B	12.39	12.16	10.97	12.04	−0.26%	3.91%
Ansari	Dukler	12.82	13.13	11.82	11.81	3.90%	3.90%
Gray	B-B	12.91	13.04	12.00	11.25	3.04%	3.04%
Gray	M-B	12.37	11.90	10.69	11.73	−2.12%	4.40%
Gray	Dukler	12.81	12.87	11.53	11.50	2.03%	2.03%

（2）水平段压降模型 由于水平井在水平段无永久式井下压力计，且没有做过流压测试，因此无法获取井底流压数据。根据地面水平管流实验数据，对比不同多相流模型计算数据，优选压降模型。地面水平管流实验是基于内径 40mm、长度 6m 的水平玻璃管模拟空气-水两相管流，给定水量 $0.1m^3/h$，改变注气量，实测出口压力。目前工程上常用的水平段压降预测模型主要为 Dukler、Xiao、Lockhart&Martinelli（L-M）3 种压降模型。模型计算数据和实测数据对比如图 2-3 所示，可以看出，Dukler 模型和实验结果拟合得比较好，其平均相对误差为 1.37%，平均绝对误差为 2.95%，在工程允许误差范围内。

采用组合模型的方法，将上述分段评价的最优模型组合起来预测水平井的全井筒压降，直井段采用 Gray 模型，斜井段和水平段采用

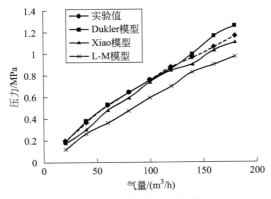

图 2-3 实测压力与理论模型计算压力对比图

Dukler 模型。即：

$$dP = \begin{cases} \text{Gray 模型}: [H_g\rho_g + (1-H_g)\rho_1]g\,dz + \dfrac{f_m G^2}{2d\rho_m}dz + G^2 d\left(\dfrac{1}{\rho_m}\right)(0 \leqslant \theta < 5°) \\[4mm] \text{Dukler 模型}: \dfrac{\left(0.0056 + \dfrac{0.5}{Re^{0.32}}\right)\rho_m v_m^2}{2D}dz\,(\theta \geqslant 5°) \end{cases}$$

$$(2-5)$$

式中　H_g——持气率；

　　　ρ_g——气相密度，kg/m^3；

　　　ρ_1——液相密度，kg/m^3；

　　　ρ_m——气液混合物密度，kg/m^3；

　　　g——重力加速度，m/s^2；

　　　f_m——气液两相摩阻系数；

　　　G——质量流速，kg/s；

　　　D——管内径，m；

　　　Re——雷诺数；

　　　v_m——气液混合物的平均流速，m/s。

2.3.2　水平井临界携液流量预测模型

2.3.2.1　Turner 及其修正模型

1969 年，Turner 等人建立了液滴模型，该模型得到广泛应用。近年来国内外学者提出了多种临界携液流量模型，这些模型可以被认为是对 Turner 液滴模型进行的修正或改进。Turner 通过对管壁液膜移动模型和高速气流携带液滴模型的比较，认为高速气流带液滴模型更适用于气井积液研究。他在假设高速气流携带的液滴是圆球形的前提下，推导出气井临界携液流速计算公式：

$$v_c = 6.6 \left[\frac{\sigma(\rho_1 - \rho_g)}{\rho_g^2} \right]^{0.25} \tag{2-6}$$

式中　v_c——气井临界携液流速，m/s；

　　　σ——气液表面张力，N/m；

　　ρ_1、ρ_g——液体和气体密度，kg/m³。

　　换算成标况下的气井流量公式：

$$q_c = 2.5 \times 10^8 A v_c \frac{P}{ZT} \tag{2-7}$$

式中　q_c——气井临界流量，m³/d；

　　　A——油管内部横截面积，m²；

　　　P——压力，MPa；

　　　T——温度，℃；

　　　Z——气体压缩因子。

　　Coleman、Nosseir、李闽、王毅忠等人均在 Turner 模型的基础上，结合不同气田的实际生产情况对公式前的系数进行修正，推导出了新的临界携液流速公式，但这些修正模型均未考虑井斜角对临界流速的影响。

2.3.2.2　考虑井斜角的临界携液流量预测模型

目前对于水平井临界携液流量的研究，主要是基于斜井段和水平段分段进行临界携液流量预测。对于斜井段产液气井，井筒内液体主要以液膜和液滴的形式沿管壁流动或者被夹带在中心湍动气流中。因此针对液滴及液膜等模型，国内外学者引入了井斜角这一影响因素。

基于 Turner 液滴模型，管虹翔等人考虑了内摩擦力，建立了修正模型：

$$v_c = 0.67\left(\frac{Re\cos\theta}{C_D Re - 16}\right)^{0.25} 6.6\left[\frac{\sigma(\rho_1 - \rho_g)}{\rho_g^2}\right]^{0.25} = 6.6G\left[\frac{\sigma(\rho_1 - \rho_g)}{\rho_g^2}\right]^{0.25}$$

$$(2\text{-}8)$$

式中　Re——液体雷诺数；

θ——井斜角，°；

C_D——曳力系数，为雷诺数的函数，牛顿流体取 0.44；

G——修正系数，井斜角 0°～89°时修正系数 G。

李丽等人考虑了液滴与管壁的摩擦力，基于 Turner 液滴模型建立了修正模型：

$$v_c = 0.83(\lambda\sin\theta + \cos\theta)^{0.25} 6.6\left[\frac{\sigma(\rho_1 - \rho_g)}{\rho_g^2}\right]^{0.25} = K 6.6\left[\frac{\sigma(\rho_1 - \rho_g)}{\rho_g^2}\right]^{0.25}$$

$$(2\text{-}9)$$

式中　λ——摩擦系数，与雷诺数和管壁粗糙度有关，一般油管中取 0.01～0.1；

K——修正系数，不同摩擦系数下井斜角 5°～85°时修正系数。

Belfroid 等人结合 Fiedler 冷凝回流模型，将 Turner 液滴模型增加了井斜角相关式，使修正模型适用于大斜度井，适用的井斜角范围为 0°～85°，气井临界携液流速计算如下：

$$v_c = \frac{[\sin(0.85\pi - 1.7\theta)]^{0.38}}{0.74} 6.6 \left[\frac{\sigma(\rho_l - \rho_g)}{\rho_g^2} \right]^{0.25} \tag{2-10}$$

液膜模型认为导致积液的主要原因是液膜发生反向流动。运动气流作用于气液界面产生的剪切力克服了液体重力和管壁剪切力，从而使液膜向上运动。如果气液界面产生的剪切力与液膜重力达到平衡，同时管壁剪切力趋于 0，液膜则开始出现反向流动，导致井筒积液。Moalem 等人提出了垂直管临界携液液膜模型，肖高棉等人在其基础上，考虑井斜角的影响，推导了大斜度井液膜模型，适用于井斜角的范围为 0°～85°。基于液膜模型的临界携液流速计算如下：

$$v_c = 4 \left(\frac{\rho_l^2 \cos^2\theta Q_F \mu_l}{f_i^3 \rho_g^3} \right)^{\frac{1}{6}} \tag{2-11}$$

式中　Q_F——单位周长下的进液流量，m^2/s；

　　　μ_l——液相动力黏度，$Pa \cdot s$；

　　　f_i——气液界面摩阻系数。

利用各模型计算不同井斜角下的临界携液流速，并将计算结果与 Westende 的实验数据以及王琦的实验数据进行对比，如图 2-4 所示。Westende 的实验是在常温常压状态下模拟空气-水两相管流，管径 50mm，管长 12m。虽然实验条件无法还原井下真实的温压和流体特征，但其实验数据仍具有一定代表性。王琦的实验是采用管径 40mm 的玻璃管模拟空气-水两相管流，实验条件不一样，所以实验结果与 Westende 实验结果有一定偏差。但可以看出，临界携液流速随井斜角的变化规律趋于一致，随着井斜角增大，临界携液流速先增大后减小，在 30°～50° 时，临界携液流速达到最大值。将常温常压下空气与水的流体参数带入各模型进行计算。Turner 模型没有考虑井斜角的影响因素，因此计算结果为一恒定值。管虹翔模型、李丽模型与液膜模型的计算结果表示，临界携液流速随井斜角增大而减小，不同模型对应的临界携液流速减小幅度不同，但这些模型计算结果均没有表现出临界携液流速先增大后减小的变化趋势。利用 Belfroid 模型计算出的临界携液流速变化规律与实验结果接近，但是理论值均大于实验值。因此对 Belfroid 模型的系数进行修正，得到临界携液流速计算公式为：

$$v_c = 6.4 \left[\sin(0.85\pi - 1.7\theta)\right]^{0.38} \left[\frac{\sigma(\rho_1 - \rho_g)}{\rho_g^2}\right]^{0.25} \qquad (2\text{-}12)$$

Belfroid 修正模型计算得到的临界携液流速与 Westende 实测值接近，计算精度高，平均误差为 0.92%，平均绝对误差为 1.62%，在工程允许误差范围内。对比图如图 2-4 所示。

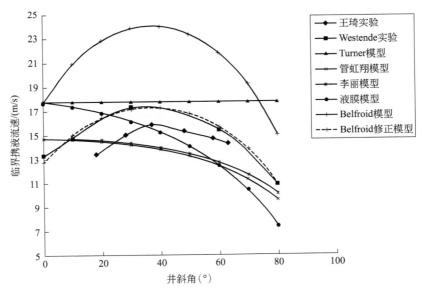

图 2-4 临界携液流速理论模型计算结果与实验结果对比图

Belfroid 修正模型适用范围为井斜角小于 85°，而对于井斜角大于 85°的水平段并不适用。

在水平段当气流量较小不足以形成环雾流时，产出的液体会由于重力作用在较短的距离内沉降于水平段底部，以管底波动液膜的形式沿着井底向气流方向移动，因此水平井筒中液体携带机理与直井段不同。水平段临界携液流速计算主要有分层流模型、携带沉降模型与 K-H 波动理论三种模型，其中 K-H 波动理论模型较为符合水平段的携液规律：

$$V_c = 4.4 \left(\frac{\sigma \sin\theta \rho_1}{\rho_g^2} \right)^{0.25} \tag{2-13}$$

将井斜角为 85° 时 K-H 理论模型计算值与 Belfroid 修正模型计算值进行对比修正，得到水平段临界携液流速计算公式如下：

$$V_c = 3.11 \left(\frac{\sigma \sin\theta \rho_1}{\rho_g^2} \right)^{0.25} \tag{2-14}$$

因此得到了不同井斜角下临界携液流速的计算模型，当井斜角为 0°~85° 时，采用式（2-12）进行计算，当井斜角大于 85° 时，采用式（2-14）进行计算。将不同井斜角下的临界携液流速带入式（2-7），即得到了全井段的临界携液流量，其中最大值即为最大临界携液流量。根据最大临界携液流量与实际产气量的对比，判断是否发生积液，并分析携液困难井段，为后期排水采气措施的决策提供参考。

2.4 积液诊断辅助技术

气井生产过程中，其井底是否存在积液通常还有以下几种辅助判断方法。

2.4.1 直观定性判断法

井筒无积液气井，无论是开井生产还是关井状态，其井口油压与套压近似相等或差异很小。当气井关井后，如果油套压差异较大且在较长时间内不平衡，而套管又无泄漏等现象，可以定性判断井筒有积液。

对于正常生产井，当井筒出现积液时将表现出以下特征：

① 油套压差增大，说明油管中流动损失很大，携液能量不足，举升不正常，积液较多，液体不能全部带出来；

② 短时间内油压和套压急剧降低（显著大于自然递减规律）；

③ 地面发生液体间喷，产液量或气液比曲线较之前的平稳生产出现较大波动；

④ 生产曲线中的产气量较之前的平稳生产出现较大递减；

⑤ 测试得出的流压梯度曲线较之前的平缓曲线出现波动、接近井底部分的压力梯度增大；

⑥ 井口温度出现下降。井口温度决定于产气量、产水量、流速，其中最主要的是产水（液）量，因为在相同体积下其携带的热量最大。当出现携液不畅、井筒积液后，由于产液量降低，井口温度有所下降。

崖 13-1 气田井底安装封隔器、油套管不连通，除不能用油套压差特征进行判断外，井底积液的其他生产特征与油套连通井相同。并且一旦井筒出现积液，往往同时出现以上多个特征，只是各个特征在不同井的"显示度"略有差异而已。

通过对比积液井的生产曲线发现，积液的前兆为含水上升，油压和产气量持续下降。以下为崖城 13-1 气田两口井实际案例。

（1）B井见水-积液-停喷全过程　该井是典型的边底水侵入导致

含水快速上升。见水前气井生产稳定，产气量、产水量、油压基本保持不变。见水后边底水快速侵入导致产水量上升较快，油压和产气量同步下降，可以判断该井主力产气层也是产水层，该井临界携液流量为 $6.88 \times 10^4 \mathrm{m}^3/\mathrm{d}$。当该井产气量下降接近临界携液流量时，气井携液能力变弱，井筒出现液相回流导致产液量波动，同时产气量和油压继续下降。当液相回流积聚于井底时，降低生产压差，同时在井筒回压、岩石润湿性等不利因素作用下易发生反渗吸伤害，气相渗透率进一步降低，导致产能下降，最终该井停喷。

（2）L 井分析　该井见水后产水量大幅上升，同样表现为边底水气井的生产特征。见水后，油压和产气量有一定幅度的下降，之后油压与产气量保持稳定，油压约为 3.3MPa，产气量约为 $18 \times 10^4 \mathrm{m}^3/\mathrm{d}$，产水量持续上升。见水后未对气相渗透率产生影响。计算该井临界携液流量为 $5.56 \times 10^4 \mathrm{m}^3/\mathrm{d}$，目前产气量足以将井液携带出井口。因此判断该井虽然见水但是没有积液，建议不改变生产制度，维持该井稳定生产。此后生产至 2017 年 11 月，日产水已达到 70m³/d，但是产气一直保持在 $(17 \sim 18) \times 10^4 \mathrm{m}^3/\mathrm{d}$，与预测结果保持一致。

产量变化经验判断法适用于定性分析，因为生产数据是能够获取的第一手资料，从生产数据简单判断积液征兆，再结合理论模型分析是否积液，结论较为可靠。

2.4.2　回声仪液面监测

回声仪液面监测是采用远传非接触方式从地面管线内向井筒内发出声呐脉冲波，脉冲波通过环空传至井下液面，遇液体后返回，通过信号过滤，采集正确信号在计算机上记录深度变化曲线，数据实现在线实时。

液面深度计算主要依靠声呐时差法，受环境温度、压力、传播介质影响，测量误差不超过总深度的 1.5%。一般现场噪声不影响测试效果，但对于噪声太高的环境，关封隔器就能屏蔽环境噪声，2～3min 内可测得液面数据。对于 1000m 左右的井下液面，20s 内即可测出一个数据。

回声仪液面检测系统主要由动力部分、专用高屏蔽信号电缆、声呐发生器、声呐接纳器、信号放大器处理器、声呐噪声过滤芯片、数据分析软件及其他配套设备组成。对于海上气井环空带有封隔器，无法从环空进行测试，因此只能从油管进行液面检测。为了获取有效的数据，常常关井后进行测试，关井大约 4h 后，井下液面趋于稳定，回声仪液面检测精度较高。但南海西部气井少量积液后关井，易造成不良生产激动，导致积液加剧，停喷风险较高。因此该技术目前应用仍有很大的局限性，仅适用于气井已积液停喷而为了获取积液液面高度。

2.4.3 实测压力曲线法

目前在用的压力测试工艺过程相对简单，一般是从井深 10m 开始测试，每隔 100m 停点测试一次，直至气层中部，测流压梯度的同时测流温梯度。通过对气井全井压力、温度梯度的测试，分析井筒内流体的密度差异来反映井筒内部各个井段的压力变化，从而确定井筒积液情况。

实测压力梯度曲线法是判断井筒是否积液以及积液位置的最可靠、最直观的方法，由于不同井无积液时的压力梯度略有差异，因此，实际分析判断时往往看重的是曲线是否有波动或拐点，而不是单纯看其梯度值的大小。

当井筒内无积液时，无论是处于开井生产状态还是处于关井状态，由气流所引起的压力梯度较小且平稳。当井筒内有积液时，若气井处于开井状态，由于气流的扰动，往往呈段塞流或其他流态，使得压力梯度出现波动，但液面不明显；波动越大往往积液越严重。当处于关井状态时，液面相对静止，此时压力梯度呈现明显的气水两段（高含水井气水两段）或油气水三段特征。

实测压力曲线法虽然受井斜限制，但对于井斜小于 60° 的定向井，采用钢丝或电缆测压均能够得到全井段的路流压曲线或者静压曲线；对于井斜大于 60° 的定向井或者水平井，鉴于常规测试的局限性，可采用连续油管测试，虽然成本较高，但能够获取准确的全井段压力数据，对于积液判断可以起到决定性作用。在保证压力计能够下至积液段的前提下，通过全井段的流压曲线或者静压曲线，可以直接判断积液高度。

以 C 井为例，该井停喷后进行了静压测试，静压曲线如图 2-5 所示。

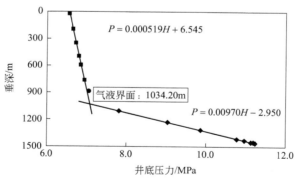

图 2-5　C 井静压曲线示意图

从图中可以看出，全井段的压力分布呈两条直线，原因是积液液面上部为气相，压力梯度呈一条直线，而积液液面下部为液相，压力梯度也呈一条直线，由于气相和液相密度存在显著差异，两者压力随垂深的变化也完全不同，据此可判断两条直线的交点即为积液液面，测得该井气液界面为垂深 1034.2m 处。

2.4.4 试井三参数组合仪液面探测法

同常规试井方法测试压力、温度梯度相比，试井多参数组合仪一次下井可同时测得温度、压力和磁性定位等参数，通过井段温度的变化结合磁定位曲线来定性判断气液分界点，准确地掌握积液深度，验证井筒内积液状况。

试井三参数组合仪通过两只高精度铂电阻传感器采集温度与压力数据，组合仪带有磁定位器，在地面进行参数设置后，用钢丝将仪器下入测试井段预制深度，仪器连续记录压力、井温和磁定位参数并存储在仪器中。传统的探液面工艺对气井井筒积液深度只能定性分析；普通试井仪器的温度梯度测试精度不及三参数组合仪，不能定量分析积液深度；三参数组合仪测试结果精准，可进行积液深度的定量分析，但对测试仪器要求较高。

2.4.5 凝析水量计算法

在分别根据井底和井口压力、温度计算得到凝析水量后，通过实际产水量与理论计算凝析水量的对比来判断井筒是否有积液。当实际产水量小于凝析水量时，认为井底有积液。

这种积液判断方法是假定地层无自由水产出且地层条件下天然气完全被水蒸气饱和。此法不能用于有边/底水产出的气井，因此适用性差。

2.4.6　持液率比较法与井口流态辅助判断法

该方法用于低气液比井井筒积液的理论判断，其基本方法为：分别计算理论持液率和实际持液率沿井深的分布，并标绘在同一图上进行比较。如果各段的实际持液率都小于理论持液率，则认为在该产气量条件下气井能够正常携液生产；否则就存在携液困难和井底积液。其中，理论持液率可利用 PIPESIM 软件计算；实际持液率是指在一口实际生产气井中一定井段内液相体积与总的井筒体积之比。

2.5　现场应用

2.5.1　积液诊断流程

根据上述分析，得到崖城 13-1 气田气井积液诊断流程如图 2-6 所示。

2.5.2　积液预测

以 C 井为例，根据井筒压降预测模型模拟全井筒压力分布，如图 2-7所示，可以发现井筒压降呈典型的三段分布。水平段压降梯度最小，垂直段压降梯度次之，斜井段压降梯度最大，这主要是由于水平段仅有摩阻压降，而斜井段包括液相滑脱、重力和摩阻，所以压降

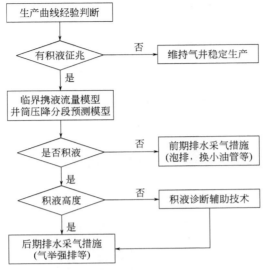

图 2-6 南海西部见水气井积液诊断流程图

梯度最大，也是液相滑脱最为严重的位置。

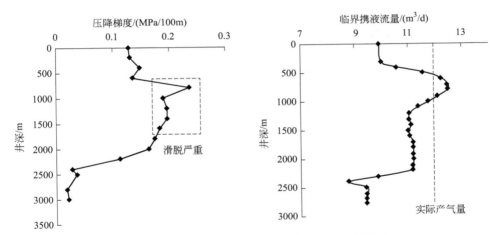

图 2-7 井筒压降分布与临界携液流量分布图

采用水平井临界携液流量预测模型计算该井临界携液流量随井深的变化，如图 2-7 所示。计算临界流量也呈典型的三段式分布：斜井段临界携液流量最大，直井段次之，水平段临界携液流量最小。计算结果表明斜井段液相举升困难，易发生井筒滑脱，与压降模型分析结果一致。最大临界携液流量出现在井斜角 $30°\sim50°$ 的井段。如实际产气量小于最大临界携液流量，则井筒将发生积液。从计算结果来看，该井最大临界携液流量为 $12.5\times10^4\,\mathrm{m^3/d}$，高于实际产气量 $11.9\times10^4\,\mathrm{m^3/d}$，判断气井已经发生积液。随着生产时间的延长，气井积液将越来越严重，随时有停喷的风险。

采用水平井临界携液流量预测模型对崖城气田在生产的 6 口见水井进行分析，见表 2-4。

表 2-4　崖城 13-1 气田见水井积液判断表

井号	油压/MPa	产气量/($10^4\,\mathrm{m^3/d}$)	产水量/($\mathrm{m^3/d}$)	最大临界携液流量/($10^4\,\mathrm{m^3/d}$)	判断结果	生产验证
B	3.22	3.07	16.72	6.88	积液	一致
C	6.76	11.96	76.29	12.50	积液	一致
D	4.96	4.14	16.44	6.18	积液	一致
E	4.95	19.72	5.2	4.36	不积液	一致
F	4.85	25.18	22.19	6.97	不积液	一致
L	3.3	18.75	46.66	5.56	不积液	一致

从计算结果可看出该气田 3 口井已积液，判断结果与实际测试及生产验证结果保持一致，准确率 100%，说明该模型在崖城 13-1 气田的适用性较好。

2.5.3　计算积液高度

根据压降模型计算的压力数据与气井单点实测压力数据对比计算积液高度。同样以 C 井为例，2014 年 12 月 7 日，该井井下压力计实测值为 10.8MPa。根据压降模型计算的压力数据，2217m 处的理论压力值为 10.26MPa，如图 2-8 所示。

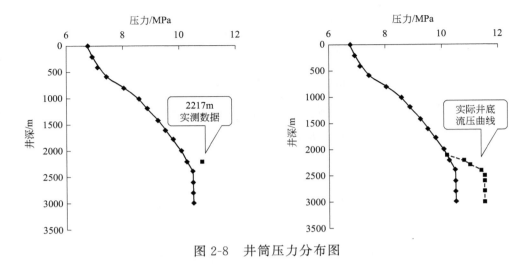

图 2-8　井筒压力分布图

　　由于压降预测模型是基于气液两相流建立，因此模拟计算得到的压力是气液两相流时的井筒压力。实际测量值大于理论计算值意味着该点上方存在一定的积液造成了液柱压力。因此实际测量值与理论计算值的压差代表了该点上方的静液柱压力。根据静液柱压力公式，可以计算得到该点上部积液高度为 55m。因此该井积液液面为斜深 2110m，垂深 1370m。但此种方法计算积液高度有前提条件，首先气井需带有井下压力计，可实时监测井底流压；其次积液液面需在压力计之上，否则井下压力计无法测得静液柱压力，难以计算出积液高度。

2.5.4　措施携液分析

　　积液诊断技术可以指导排水采气措施分析与决策，以 B 井为例，该井为一口定向井，2015 年 1 月见水后，产水量大幅上升，产气量和油压大幅下降，有积液征兆。2016 年 2 月平台将大修关井，关井期间该井可能发生积液导致无法复产。根据临界携液流量计算结果，如图 2-9 所示，该井目前井况下最大临界携液流量为 $7.55 \times 10^4 \text{m}^3/\text{d}$，而该井 2016 年 1 月的产气量为 $7.92 \times 10^4 \text{m}^3/\text{d}$，略大于最大临界携液流量，有可能发生积液。如果平台大修关停 3d，该井积液无法顺利带出，极有可能无法顺利复产。根据临界携液流量计算模型，如将井下的 114.3mm 油管更换为 88.9mm 油管，可降低截流面积，从而降低最大临界携液流量至 $3.67 \times 10^4 \text{m}^3/\text{d}$，小于目前产气量，气井不积液。但更换小管柱需压井动管柱作业，不利于储层保护，且作业成本较高，经济性较差。如果进行泡沫排水采气作业，可降低气液表面张力，从而降低临界携液流量，计算结果表明，泡排后该井最大临界携液流量为 $5.74 \times 10^4 \text{m}^3/\text{d}$，亦小于目前产气量，保证气井不积液。且该井最大井斜为 50°，满足投棒泡排工艺要求，同时井口投棒泡排工艺作业简单，费用较低，经济性较好，因此在平台大修关停时，对 B 井进行了投棒。该井开井放喷时成功清除了井底积液，恢复至关井前产气量 $7.74 \times 10^4 \text{m}^3/\text{d}$。

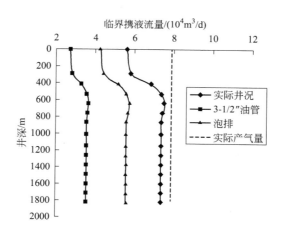

图 2-9 不同井况下临界携液流量分布图

3

排水采气技术与实践

3.1 排水采气技术类型及适用性分析

国内外排水采气工艺试验研究始于 20 世纪 60～70 年代。经历了多年来对各种排水采气工艺的试验、改进和发展的历程，现已逐步形成了多种排水工艺技术。由于海上平台条件有限，气井油套环空带有封隔器，生产管柱带有井下安全阀，安全生产要求井下带有两道安全屏障等不利因素，适用于海上气井的排水采气技术较少。目前南海西部在生产气田已逐渐步入开发中后期，地层压力系数低，采用动管柱作业储层保护难度大，不利于气井顺利复产，因此进一步限制排水采气技术的应用。基于南海西部气田现有生产管柱，适用的排水采气技术主要有泡排、连续油管气举、速度管柱、涡流排液等，其适用条件见表 3-1。这些排水采气技术可以单独应用，也可以组合应用，需根据实际气井信息具体分析。

表 3-1　排水采气适用条件表

排液工艺	泡沫排水采气			连续油管气举	速度管柱	涡流排液
	固体泡沫棒排水	连续小直径钢管泡排	油管外化学注药管泡排			
适用条件	(1)因井筒积液导致产气量下降；(2)气井具有自喷能力，井筒油管底部气流速度大于 0.1m/s；(3)凝析油含量小于 35%；(4)气层温度不大于 150℃			(1)气井有一定能量，地层压力系数在 0.4 以上；(2)井深≤3500m；(3)日产液量≤100m³/d	(1)因井筒积液导致产气量下降；(2)气井具有自喷能力；(3)液气比在 40m³/10⁴m³	气井自喷，临界携液流量比大于 0.5，压力系数大于 0.4，液气比小于 50m³/10⁴m³
	(1)油管内壁光滑无堵卡、油管密封好管壁无穿孔；(2)井斜度小于 60°；(3)产液不大于 10m³/d	产液不大于 100m³/d，适用于弱喷及间喷产水井				
		主要管线完好，无漏失和堵塞	管线畅通，下入到液面以下，最好靠近产层上部			
海上气井平台、气井管柱及气井生产特点	平台空间小，修井机负荷小，管柱有生产封隔器，油套环空不连通（保护套管不受高压和产液腐蚀），生产管柱带井下安全阀（管柱内径变化），80%在生产气井产液量≥20m³/d					
工艺适应性评价	适应于有自喷能力气井，产液含油率≤35%，产液量≤10m³/d，但气井较少	适应于有自喷能力气井，产液含油率≤30%，产液量≤100m³/d。但排液期间井下安全阀不能关闭，且设备占用空间较大，无法长期排液	适应于有自喷能力气井，产液含油率≤30%，产液量≤100m³/d。安装井下注药阀位置浅，未能实施排液。满足条件井少	适应于产液量≤100m³/d。但排液期间井下安全阀不能关闭，且设备占用空间较大，无法长期排液	适应于有自喷能力气井，产液量≤100m³/d，若延长气井排液周期，需与其他工艺结合	海上大多气井，作业费用低，结合其他工艺，排液效果更好，且气井生产期更长

3.1.1　泡沫排水采气

针对崖城 13-1 气田高温（180℃）超低压（压力系数 0.12）气

井，2016 年该气田的 D、F 井换套期间采用了泡沫排水采气工艺，成功举出油管可膨胀式封隔器（2000m）以上的修井液，由于泡排剂无需进入储层深度，因此 2016 年研究得到的 PF-FORM 系列泡排剂最高耐温 150℃。2017 年崖城 13-1 气田 B 井在换套作业后积液停喷，亟需诱喷复产，初步研究推荐泡排气举诱喷，此时泡排剂需要达到井底积液深度，因此需要适用于 180℃高温条件下的泡排剂。

3.1.1.1 技术原理

泡沫排水采气技术的本质属于化学排水，是利用表面活性剂中的起泡剂发展起来的一种助采技术。通过向井底注入一定量的起泡剂，借助天然气流的搅拌，与井筒积液充分接触，降低了水的表面张力，产生大量较稳定的低密度含水泡沫，改变气液两相在垂直管道中的运动流态，产生泡沫、分散、减阻、洗涤等多种物理-化学效应，减少井筒的"滑脱损失"，降低井底回压，提高气流垂直举液能力，达到排水采气目的。

泡沫助采剂主要是一些具有特殊分子结构的表面活性剂和高分子聚合物，其分子上含有亲水和亲油基团，具有双亲性，它的助采作用是通过下述效应来实现。

（1）泡沫效应 泡沫药剂首先是一种起泡剂，在气水层中添加 100～200mg/L，就能使油管中气水两相垂直流动状态发生显著变化。气水两相在流动过程中高度泡沫化，密度几乎降低 10 倍。如果说先前气流举水至少需要 3m/s 气流速度的话，此时只需要 0.1m/s 气流速度就可能将井底积液以泡沫形式带出井口，排水采气适用条件表见表 3-1。

（2）分散效应 泡沫助采剂也是一种表面活性剂，可将水的表面张力下降，下降幅度达到 $15.2 \sim 59.9 \mathrm{mN/m}$。在同一气流冲击下，水相在气流中的分散大大提高。这就是助采药剂的分散效应。

（3）减阻效应　　减阻剂主要是一些不溶的固体纤维，可溶的长链高分子及缔合胶体，而且主要应用于湍流领域里。然而，天然气开采过程中，天然气流对井底及井筒里液相的剧烈冲击和搅动，所形成的正是一种湍流混合物，既有利于泡沫的生成，也符合减阻助采的动力学条件。

（4）洗涤效应　　泡排药剂通常也是一种洗涤剂，它对井底近区地层孔隙和井壁的清洗，包含着酸化、吸附、润湿、乳化、渗透等作用，特别是大量泡沫的生成，有利于不溶性污垢包裹在泡沫中被带出井口，这将解除堵塞、疏通流道、改善气井的生产能力。

3.1.1.2　泡排剂试验评价

为选取最适用的产品，需要开展试验评价。试验除了测试产品的性能外，也考虑了实际应用中的一些问题。

（1）实验室泡排实验装置　　根据 ASTM-D892 标准来设计实验方法和安装实验装置。实验可获得发泡体积、泡沫达到 1000mL 的时间和泡沫半衰/全衰期等数据。实验装置如图 3-1 所示，使用了带夹层的量筒连接一个冷凝管，并接入一个放置在天平上的烧杯，天平与电脑相连，可以读取发泡排水的时间。

泡排效果百分比用下式计算：

$$Q = \frac{W_t}{W_s} \times 100\% \tag{3-1}$$

式中　Q——泡排效果，%；

　　　W_t——排除液质量，g；

　　　W_s——实验用水质量，g。

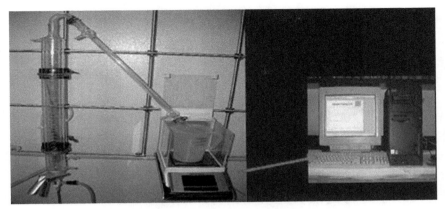

图 3-1 泡排实验装置

通过天平上烧杯内收集样品的情况可以观察到泡沫的稳定性。

水、凝析油含量、气体流速和温度均可根据 3 口井的参数进行改变以模拟实际情况。使用现场取回的水和凝析油样品可以更好地模拟生产实际情况，已得到此三口井的产出液样品，但由于样品桶老化破裂，J 井样品在未达到实验室前已损坏。这里对 B 井、K 井样品进行了油水分离，以便在实验中掌握合适的油水比例。

（2）乳化趋势测试 40mL 的油水样品按照一定比例混合后分别装入 50mL 的玻璃瓶，常用比例为 5：5 和 7：3，也可以按照测试井的实际油水比例进行混合。药剂按照一定剂量注入样品，实验瓶以 25 次/min 的速度持续振动 2min（1 次振动为一上一下）。空白对比样在每一组实验均进行。

在振动后的 1min、2min、3min、5min、10min、20min、30min 和 60min 时分别观测并记录破乳速度、乳化层数量和情况以及油水界面情况。

（3）高温稳定性 高温稳定性是产品的重要特性，此项性能不佳会有如下问题：粘积性能下降、毛细管适用性降低等。对产品的第一个测试就是把产品放置在 13.8MPa 和 175℃下 72h。之后对产品是否产生性能下降进行检测并进行泡排实验以保证无高温性能损失。

如果产品通过高温测试，会继续进行产品对毛细管适用性的实验。测试方法为使用一定长度的毛细管在 200℃、13.8MPa 的极端环境下让产品在其中循环 92h，之后对产品进行上述的高温稳定性泡排实验测试，同时要对毛细管进行腐蚀和材料的不兼容性测试。

（4）黏度特性　黏度是使用 Brookfield LV DVⅢ＋旋转黏度计在一定温度以上进行测试。此项测试可以观测产品的黏度特性，同时可以确定化学加注设备的情况和加注泵的压力等。标准操作范围是－10～40℃。

（5）材质兼容性　对金属、常用的包装材质和密封橡胶进行了材质兼容性测试。

本测试使用了金属腐蚀挂片和橡胶 O 形圈进行测试，浸入测试样品并在 55℃下保持 7d。橡胶在压缩和未压缩状态下由实验者进行观测记录。所有的未明确分级的材质和纳尔科常用材质都进行了兼容性测试。

材质标准如下：

① 不锈钢合格标准为腐蚀速率小于 1.0mm/a。

② 碳钢 C1018 合格标准为腐蚀速率小于 4.0mm/a。

③ 橡胶合格标准为重量差在±10％内，压缩率在 50％内。

注意：聚四氟乙烯（PTFE）和全氟化橡胶未进行压缩测试，因为在无化学品时测试无效。

④ 橡胶必须同时通过重量差测试和压缩测试才视为合格，否则视为不合格。

⑤ 药剂罐和连接管线材质合格标准为重量差百分比在±5％内；未对此类材质进行其他物理特性测试。

⑥ 如果发生严重的产品变色和材质变脆、破裂等显著问题则均视为不兼容。

（6）产品物理特性测试 物理特性测试为发泡剂开发的一部分，包括闪点、黏度、倾点、溶解性、挥发性等。

（7）消泡剂筛选 消泡剂的评价过程：将200mL盐水和5mL乙醇放入1000mL的量筒并注入5000mg/L发泡剂，以50L/h的速度吹入氮气后会形成泡沫，当泡沫量达到400mL时停止氮气吹扫，并加入1000mg/L的消泡剂，然后进行振荡，并继续氮气吹扫，如果泡沫层再次出现则再加入1000mg/L消泡剂。重复此过程直至发泡的现象被降到最低，并记录此时的消泡剂用量。发泡现象被降为最低时的最小消泡剂用量即为推荐用量。

（8）YC13-1-B井泡排剂试验

① KPJ-15泡排剂 泡排剂KPJ-15是一种高温泡沫排水剂，主要为无患子皂角植物提取物、二十二碳磺酸钠、脂肪醇聚氧乙烯醚（AEO-9）的混合物等。KPJ-15主要用于天然气井泡沫排水采气工艺，它能有效提高气体带液能力，减少井筒积液，大幅度增加天然气产量，达到提高采收率的目的。适用于中高矿化度地层水的天然气井排水采气。在高温（180℃）情况下性能稳定，还具有较好的抗凝析油和抗盐性能。

② 性能要求 高温起泡剂应满足下列要求：

a. 具有较好的起泡能力，即泡沫膨胀倍数高。

b. 稳泡能力强，所产生的泡沫性能稳定，寿命长，即使在较长时间泵送的剪切条件及油层条件下，都能保持一定的稳定性能，不发生组分分离，耐油、耐盐、耐温、耐压能力好。

c. 所配制的基液黏度不能太高，以免增加施工难度。

d. 注入地层后，应与地层、地层流体相配伍，不发生酸敏、水敏及其他不良反应，不污染和堵塞地层。

e. 具有良好的携污物能力，能悬浮携带地层颗粒堵塞物返到地面。

f. 泡沫返排至地面后易消泡。

③ 气流法测试携液量　评价起泡剂携液量通常采用气流法。评价时在带有刻度的泡沫管柱内注入一定体积待测液体，预热到实验温度，在管柱的下端安装一块玻璃砂芯板，以一定的气流量通过玻璃砂芯板，使管柱内试液产生泡沫并经气流带出，收集在量筒内。破泡后的液体体积作为评价起泡剂携液量大小的依据。

实验过程中向发泡仪中加入泡排剂 KPJ-15（1%），地层水总量为 50mL，130℃、180℃条件下恒温 20h 后，通入压力为 0.8MPa 的氮气，测量泡沫携出液体的体积及时间，实验结果见表 3-2。从表中可以看出，泡排剂的携液能力经 130℃、180℃老化后基本相当，排液率达到 80%～90%。

④ 浓度优选　对 KPJ-15 泡排剂现场使用浓度进行优选，结果见图 3-2。

当泡排剂加药浓度大于 0.7% 时，发泡体积及析水半衰期保持稳定，发泡性能稳定。综合考虑，现场使用浓度为 0.7%～1.0%。

综合考虑，泡排剂 KPJ-15 在 180℃ 条件下实验结果良好，可在崖城 13-1 气田 B 井气举诱喷中应用。

表 3-2　泡沫携出液体的体积及时间实验结果表

地层水量/mL	老化温度/℃	携液量/mL	时间
50	130	41	00:03:25
50	130	43	00:03:14
50	180	45	00:03:21
50	180	40	00:03:18

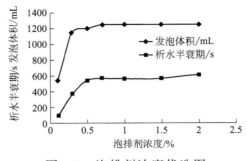

图 3-2 泡排剂浓度优选图

3.1.2 速度管柱排水采气

速度管柱是指在井筒内安装较小管径的连续油管作为采气管柱，来提高气井携液能力的一种工艺。该技术作为一种高效、安全的排水采气工艺，自 20 世纪 80 年代就在国外油田得到了较为广泛的应用。解决了日产气量大于 $0.3 \times 10^4 \, m^3$ 气井的积液排水采气问题，对于低产气井具有明显的增产效果，平均提高产气量达 20%~30%，近年来速度管柱排水采气技术在国内得到快速发展。

3.1.2.1 技术原理

在井筒内安装较小直径的连续油管作为采气管柱，其结构如图 3-3所示。基于变径管流体力学原理，使得较小过流截面上的流体速度增加，降低了气井临界携液流量，达到提高携液能力的目的。较常规压井更换管柱相比，下入连续油管为生产管柱可避免压井造成气层伤害的风险，作业简单易行，气井恢复生产快。

速度管柱的设计依据在于管柱设计合理，实际通过管柱的气体流速至少达到气井排液所需的最大携液临界流速。优选连续油管尺寸时需充分考虑临界携液流量、临界冲蚀气量和压力损失三个因素。管柱越大，压力损失越小，冲蚀气量越大，但临界携液流量也越大，因此需综合考虑。

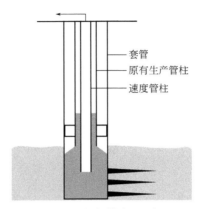

套管
原有生产管柱
速度管柱

图 3-3　速度管柱示意图

3.1.2.2　关键工具及设备

（1）连续油管设备　考虑到海上作业平台空间及吊机能力有限，连续油管设备均采用撬装式。

（2）操作窗　由于速度管柱作业需在井口进行连续油管切割、连接悬挂器等工作，因此井口必须带有操作窗，满足悬挂器带连续油管的安全入井，如图 3-4 所示。操作窗主要参数：①通径：64.089mm；②额定压力：34.47MPa；③强度试压：51.71MPa；④气密封试压：34.47MPa；⑤工作温度：L 级（－46～82℃）；⑥产品等级：API 6A EE-PSL3G-PRI；⑦开启高度：150mm。

（3）悬挂器　连续油管悬挂器实现了连续油管的悬挂和密封，目前悬挂技术主要有卡瓦式悬挂、芯轴式悬挂、井下封隔器悬挂三种，适用于 31.75mm、38.1mm、44.45mm、50.8mm 的连续油管。卡瓦式悬挂是靠井口卡瓦坐封；芯轴式悬挂是配合塔架，回接萝卜头悬挂

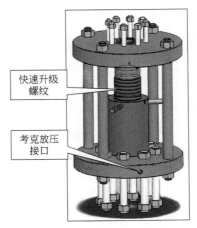

图 3-4　操作窗示意图

于井口。两者均是坐于井口，在陆地气井应用较多。而对于海上气井特殊的井控要求，如速度管柱坐于井口，原油管井下安全阀无法实现开关，不满足井控要求，故不适用。井下封隔器悬挂是先在操作窗回接封隔器，再利用送入工具悬挂在井下油管中，其结构如图 3-5 所示。

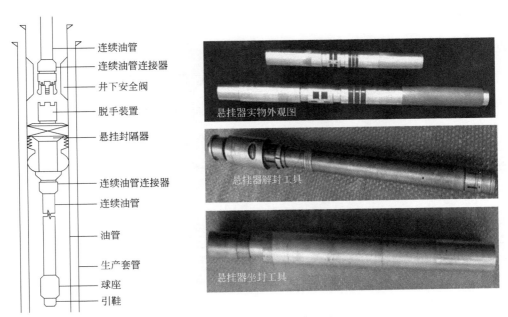

图 3-5　连续油管悬挂器示意图

井下封隔器悬挂器可实现速度管柱在油管内壁任意位置悬挂坐封，满足抗拉强度及气密性要求，参数见表 3-3。坐封服务工具配合悬挂器坐封，各项性能参数满足条件。整套装置及连续油管可通过回收工具实现回收重复利用。

表 3-3 悬挂器和坐封工具参数表

工具参数	悬挂器	坐封工具
外径/mm	69.596	68.834
内径/mm	45.466	29.972
工作压力/MPa	34.47	34.47
工作温度/℃	160	160
工作悬重/t	20	—
抗拉强度/t	30	30

对于海上带有井下安全阀的气井，可采用井下封隔器悬挂在井下安全阀下放坐封，实现井下安全阀下部气流通道变小，井下安全阀上部可根据实际情况考虑是否再加一段速度管柱，此种管柱结构符合海上气井井控要求，实现了不压井带压作业，在南海西部气田有一定的应用前景。

（4）堵塞器　堵塞器的作用是隔绝地层流体进入速度管。堵塞器根据其性能主要可分为两种，剪切式堵塞器和可回收式堵塞器。

剪切式堵塞器采用剪切底座，连接在速度管柱底端，以隔绝地层流体进入速度管柱内，作业结束后，经管柱内打压剪切底座。剪切式堵塞器参数见表 3-4。

表 3-4 剪切式堵塞器参数

公称尺寸			性能参数		备注
长度/mm	外径/mm	内径/mm	耐压/MPa	耐温/℃	
196	65.532	—	34.47	160	销钉剪切压力 3MPa/个

可回收式堵塞器是在下部预留坐落筒，钢丝作业捞投堵实现井底封堵，加工配合面密封可靠性高，保证堵塞器不落井。

3.1.2.3 施工程序

总体思路，以连续油管不压井作业为前提，假设油管挂下部和安全阀下部安装两级悬挂器，操作窗安装正反悬挂卡瓦，剪切底座销钉恢复生产。

（1）组装井口、功能试验；

（2）下第一级速度管柱；

（3）下第二级速度管柱；

（4）起连续油管至井口，回收设备。

以海上某气井为例，作业后管柱如图 3-6 所示。

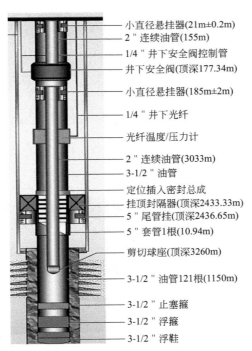

图 3-6　下速度管柱后管柱结构示意图

总体来说，速度管工艺具备实施效率高、见效快的特点，单井平均作业周期 3~4d。速度管柱技术已较为成熟，海上作业施工已不是难题。考虑海上油气井生产管柱带井下安全阀，可考虑采用井下封隔器的两段式悬挂方式，实现速度管柱排水采气。

3.1.3 气举辅助排水采气

崖 13-1 气田产液量较大，当更换管柱、恢复自喷生产后，首先将依靠地层产出气体的携液能力实现自喷带液生产。待生产井自喷带液生产困难、井筒出现积液后，从环空注气、通过井底预先安装的气举阀实施连续气举是一种可行的排水采气方式。

3.1.3.1 气举助排可行性论证

崖 13-1 气田更换管柱后实施气举助排时井筒内基本压力分布如图 3-7 所示。

以井口为计算起点，向下计算井筒内的压力分布，以上压力的基本关系为：

$$P_{ting} = P_t + \Delta P_1 = 2.1 + \Delta P_1 \tag{3-2}$$

$$P_{wf计算} = P_{ting} + \Delta P_2 = 2.1 + \Delta P_1 + \Delta P_2 \tag{3-3}$$

$$P_{cing} = P_c - \Delta P_3 \tag{3-4}$$

崖城能够实施气举的基本条件为：

$$① \ P_{ting} + \Delta P_2 \leqslant P_{wf实际} \ 或 \ P_{wf计算} \leqslant P_{wf实际} \tag{3-5}$$

$$② \ P_{cing} \geqslant P_{cing,min} \tag{3-6}$$

其中，约束条件①为防止注入气倒灌入气层，约束条件②为保证 9-5/8" 套管不被挤毁。将式（3-4）代入式（3-5），并与式（3-6）整

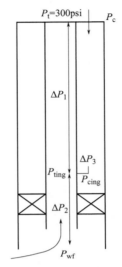

图 3-7 气举可行性分析图

合可得：

从环空分析： $P_{\text{cing,min}} \leqslant P_{\text{cing}} \leqslant (P_{\text{wf实际}} - \Delta P_2 + \Delta P_3)$ （3-7）

或从油管分析： $P_{\text{ting,min}} \leqslant P_{\text{ting}} \leqslant (P_{\text{wf实际}} - \Delta P_2)$ （3-7a）

结合 9-5/8" 套管抗挤分析和式（3-4），可计算注气点处允许的最低注气压力。

因此，崖城各气井能够实施气举时的允许最低地层压力为：

$$P_{\text{wf实际}} \geqslant P_{\text{wf计算}} = P_{\text{ting}} + \Delta P_2 = 2.1 + \Delta P_1 + \Delta P_2 \quad (3\text{-}8)$$

其中：

$$P_{\text{ting}} = \max\{P_{\text{ting,min}}, (P_t + \Delta P_1)\} \quad (3\text{-}8a)$$

式中 ΔP_1——井口到注气点深度处的压力损耗，由地层产液量、地层水气比、注气量决定，管径为 4-1/2"；

ΔP_2——产层到注气点深度处的压力损耗，由地层产液量、地层水气比决定，管径由 4-1/2" 油管与 7" 尾管构成；

ΔP_3——保证注入气通过气举阀的过阀压差，为便于分析暂取为 0.5MPa，实际值由气举阀具体参数决定；

P_t——井口油压，取为 2.1MPa；

P_c——井口套压，根据平台设备、流程等条件，气举时 P_c ≤13.5MPa；

P_{wf}——井底流压，MPa；

P_{ting}——注气点处油压，MPa；

P_{cing}——注气点处套压，MPa；

$P_{wf计算}$——从井口向下推算的井底流压，MPa；

$P_{wf实际}$——地层实际井底流压，MPa。

换句话说，只要实际地层压力满足条件（3-8），就可以实施气举，否则因地层压力太低、气举时将出现倒灌而不能采用气举。

式（3-8）的崖城气举适用极限条件除受套管防挤压力制约外，还受井筒内井口至注气点、注气点至产层中深的压降 ΔP_1、ΔP_2 影响，而 ΔP_1、ΔP_2 与产液量、含水率、地层气液比、注气量等相关。因此，崖城气举的适用极限条件受制于套管抗挤力、地层产能等。

3.1.3.2　气举管柱结构

从安全生产角度，推荐采用半闭式生产管柱，其管柱结构如图 3-8所示。

由于用于气举的高压气源为经过脱水处理的外输干气，虽然含有 CO_2，但气举时对上部套管的腐蚀可以忽略。其中：

① 生产管柱上部与油管挂相连的 7" 双公短节长度尽量短；

② 最下部气举阀安装在原 9-5/8"SB-3 封隔器以上 50～60m；

③ 生产管柱下部不安装单流阀，以利于关井、淹死后井筒中液

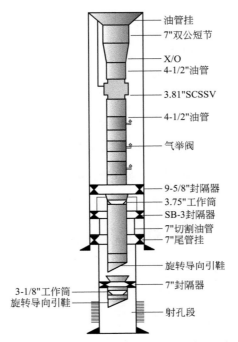

图 3-8　气举辅助排水采气管柱结构示意图

相在必要时向产层的压灌、卸载与复活；

④ 生产油管及井下工具材质选择 13Cr 不锈钢。

3.1.3.3　气举时机选择

气举排水采气实施时机需结合第二章中的气井积液诊断技术，在修井、完成更换管柱作业、利用连续油管或环空气举诱喷复活后，在实际产气量高于井筒积液临界流量条件下，气井将能维持较长时间的自喷携液生产。换管后的生产后期，随着地层压力和产气量的递减、产液量的上升，当自喷携液困难、井筒出现较严重积液、影响自喷稳定生产时，应启动气举助排。

因此，气举时机可概括为：当地层产能下降、生产油管携液困难、井筒出现积液时。

3.1.4 连续油管气举诱喷

连续油管气举技术在南海西部气田已应用较多，崖城 13-1 气田 G 井积液停喷后采用连续油管液氮气举顺利复产，崖城 13-1 气田 D、E、F 井在换套作业时采用了连续油管膜制氮气举成功举出过油管封隔器上部 2000m 修井液，但崖城 13-1 气田 B 井在换套作业时气井关井导致积液停喷，后采用连续油管膜制氮气举无法复产。

3.1.4.1 存在问题

（1）腐蚀严重　虽然连续油管气举技术已相对成熟，但对于特殊井仍存在一些问题。崖城 13-1 气田 B 井气举在使用连续油管气举时发现造氮机制氮纯度显示为 99.6%，单从入井的连续油管表面附着的黑灰和积碳来看，存在一定的氧化问题，如图 3-9 所示。氮气纯度不够，使连续油管内外表面氧化，管体强度下降。连续油管打滑现象明显，主要原因是连续油管表面附着大量的积碳，注入器在起下连续油管过程中，积碳淤积在注入器的牙块处，导致牙块抱不紧、打滑，使作业风险加大。现场作业时，在遇到打滑问题时，需停下来保养注入器牙块。但只要氮气气举持续工作，积碳问题一直存在。

（2）膜制氮气排量不够　制氮机氮气排量不足，气举的排量无法达到临界流速。以崖城 13-1 气田 B 井为例，该井在换套作业期间积液停喷，使用膜制氮气举始终无法复产。计算该井最大临界携液流量约为 $15 \times 10^4 \mathrm{m}^3/\mathrm{d}$，借助 1 台造氮机排液的情况下，气量仅能达到 $2.4 \times 10^4 \mathrm{m}^3/\mathrm{d}$，因此无法复产。

图 3-9　B井连续油管气举腐蚀情况

3.1.4.2　解决方案

（1）液氮泡排气举　对于类似崖城13-1气田B井高温超低压气井气举诱喷的问题，可以考虑采用液氮泡排气举，膜制氮与液氮参数对比见表3-5。

表 3-5　膜制氮与液氮参数对比表

膜制氮			液氮		
氮气纯度/%	含氧量/%	最大排量/(m³/h)	液氮纯度/%	含氧量/%	最大排量/(m³/h)
95～96	4～5	900	99.999	≤3×10⁻⁴	10000
99	1	350			

使用制氮机，即便浓度99%也不可排除有氧气腐蚀，且排量太低，无法满足诱喷要求。而液氮进行诱喷作业，可提高氮气浓度，大大降低连续油管腐蚀风险，增大气举排量，最大可达 $24×10^4 m^3/d$，同时配合180℃高温泡排剂使用，可进一步降低临界携液流量，缩短作业工期，节约液氮用量，确保气井顺利复产。

（2）防腐剂优选　考虑到崖城13-1气田部分井产出气体含 CO_2、H_2S，根据前期气举过程中连续油管出现的腐蚀情况，作业中需加入高温缓蚀剂。

① CO_2 分压 2MPa 加 O_2 分压 0.02MPa 条件下腐蚀实验　在模拟现场水（无油），CO_2 分压 2MPa，O_2 分压 0.02MPa 条件下，加入 R-805 缓蚀剂 1500mg/L，模拟流速 1m/s，试验周期 24h。通过高压釜旋转挂片失重法，得到不同温度下 QCT800 钢（连续油管材质）的腐蚀速率。不同温度下 R-805 缓蚀剂对 QCT800 钢的缓蚀效果如表 3-6 所示。

表 3-6　不同温度下 R-805 缓蚀剂对 QCT800 钢的缓蚀效果

温度/℃	空白腐蚀速率/(mm/a)	加缓蚀剂后腐蚀速率/(mm/a)	缓蚀率/%
40	4.8086	0.6864	85.7
60	14.0908	1.3401	90.5
80	20.9771	0.3441	98.4
100	18.9007	0.1705	99.1
120	7.8634	1.1096	85.9
140	4.5398	0.6090	86.6
160	2.8075	0.4370	84.4
180	2.3929	0.4129	82.7
200	1.4777	0.2767	81.2

② CO_2 分压 8MPa 加 O_2 分压 0.5MPa 条件下腐蚀实验　在模拟现场水（无油），CO_2 分压 8MPa，O_2 分压 0.5MPa，模拟流速 1m/s，试验周期 24h 条件下，通过高压釜旋转挂片失重法，对缓蚀剂 HGY-R-805 进行评价。缓蚀剂添加量分别为 1000mg/L 和 2000mg/L，得到不同温度下 QCT800 钢的腐蚀速率。不同浓度下加入 R-805 缓蚀剂的效果如表 3-7 所示。

表 3-7　不同浓度下 R-805 缓蚀剂对 QCT800 钢的缓蚀效果

温度/℃	空白腐蚀速率/(mm/a)	加缓蚀剂 1000mg/L 后腐蚀速率/(mm/a)	缓蚀率/%	加缓蚀剂 2000mg/L 后腐蚀速率/(mm/a)	缓蚀率/%
120	6.9121	1.2499	81.92	1.1499	83.36
180	4.6792	0.8585	81.65	0.7598	83.76

由表 3-7 可知，加入 1000mg/L R-805 缓蚀剂后，缓蚀率均在 81%以上，提高缓蚀剂浓度到 2000mg/L 后，腐蚀速率和缓蚀率均有所提高，但不显著。因此现场使用浓度建议为 5000mg/L，将其加入到泡排剂中，也可以用：缓蚀剂＋泡排剂＋缓蚀剂的方法进行加注，保证缓蚀剂浓度即可。

3.2 连续油管气举和泡排复合工艺研究与应用

崖城 13-1 气田 G 井 2000 年 12 月 24 日投产，投产后井口压力较低，下降速度快，产出水以地层水为主，2007 年 9 月积液停喷。2010 年 11 月进行电缆下桥塞堵水作业，堵水后无法自喷生产，需要采用连续油管实施诱喷排液。G 井作业井深达到 5280m，地层压力系数低，7"油管尺寸携液能力差，如果仅利用氮气气举，提供的气量有限，达不到携液临界流量要求；采用平台外输干气实施气举，需连接管线且作业安全无法保证，因此进行连续油管氮气气举＋泡排的复合排水采气工艺研究，制定详细方案，提高气井的携液能力，实现诱喷复产。

3.2.1 诱喷工艺设计

3.2.1.1 连续油管受力分析

下放连续油管时受力分析参数：氮气排量 20160m³/d，井口压力

1.03MPa，摩阻系数选择 0.24，受力分析如图 3-10，连续油管强度满足要求。

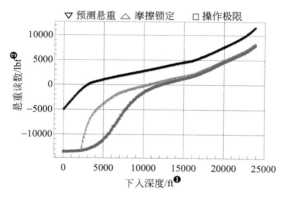

图 3-10　下放连续油管受力分析

上提连续油管时受力分析参数：氮气排量 20160m³/d，井口压力 1.03MPa，摩阻系数选择 0.33，受力分析如图 3-11，连续油管强度满足要求。

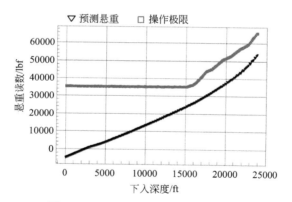

图 3-11　上提连续油管受力分析

❶　1ft＝0.3048m。

❷　1lbf＝4.44822N。

3.2.1.2 发泡剂优选

选用药剂 EC7001A（R）和 EC7005A（S）进行对比实验。对每一口所选井均进行了不同水含量情况下的测试，药剂采用较高的实验浓度。因所取井的测试液体偏少，因此实际测试数量相应受限。B 井测试结果见图 3-12。

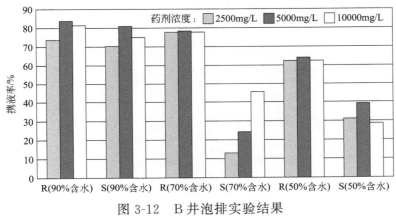

图 3-12　B 井泡排实验结果

从测试结果看，EC7001A 的所有实验结果良好，在各种含水情况下泡排效果好，特别是在有凝析油存在时表现更为突出。

高温实验结果表明 EC7001A 没有发生分解或者效果的损失。从 pH 值的测试也得到了相同的结果。

表 3-8 所列信息为 EC7001A 的物性测试结果。

表 3-8　EC7001A 物性数据

外观	透明琥珀色液体
闪点/℃	28
黏度（40℃）	19.1 mPa·s
倾点/℃	—30
水中溶解性	完全溶解
挥发物含量/%	63

3.2.2 气举泡排诱喷流程设计

3.2.2.1 诱喷流程设计

（1）气举＋泡排诱喷排液流程 连续油管气举泡排流程图如图 3-13所示。

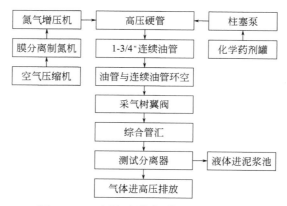

图 3-13 连续油管气举泡排流程图

返出流体由采气树翼阀至法兰变由壬的变扣，至 3"1502 由壬硬管，在 3"1502 由壬硬管中加注消泡剂，注入消泡剂的流体流至资料管汇，录取压力及温度资料，经油嘴管汇控制并记录下游压力；经过滤管汇过滤固体杂质，过滤管汇两侧为 200 目的过滤管线，下游装有压力表，中间为旁通管线，根据下游压力表判断过滤管线是否堵塞，如堵塞倒至另一侧，拆开清洗。最后流体进入平台测试分离器，返出气体进入高压排放，返出地层水、压井液进入泥浆池。

（2）返出液和消泡流程 返出液和消泡流程图如图 3-14 所示。

采气树到资料管汇 3"1502 管线的总长：约 30m，资料管汇到测

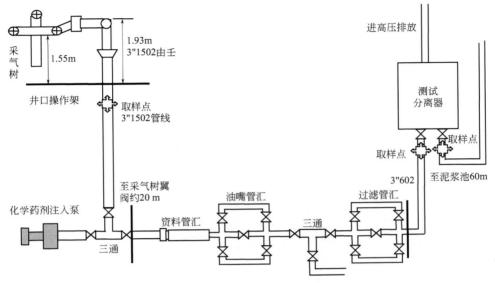

图 3-14 返出液和消泡流程图

试分离器管线总长：约 79m。气举诱喷时井口压力、温度由资料管汇录取；油嘴后下游压力在过滤管汇处录取。

3.2.2.2 参数资料录取

诱喷过程需要录取的资料有：注氮量、地面注气压力、注气深度、地面悬重测试数据、返排液量、返排气量、油嘴管汇上游压力及温度、油嘴管汇下游压力，发泡剂注入量，消泡剂注入量，泡排返出物取样，消泡效果监测取样等。录取这些资料的地点及录取方式见表 3-9。

表 3-9 诱喷资料录取方法

录取资料	录取地点	资料录取方式
注气深度	控制房	电子深度计数器
CT 悬重	注入头处	操作间指重表
地面注气压力	控制房/增压机	压力传感器/压力表
注氮量	膜分离器	电子流量计

录取资料	录取地点	资料录取方式
返排液量	泥浆池	泥浆池刻度
返排气量	测试分离器	中控间录取
油嘴管汇上游压力及温度	资料管汇/注入头	压力表、温度计/压力表
油嘴管汇下游压力	过滤管汇	压力表
累计返出液量	泥浆池	泥浆池刻度
发泡剂注入量	柱塞泵	记录泵排量和泵注时间
消泡剂注入量	化学药剂泵	记录泵排量和泵注时间
泡排效果监测	消泡剂注入点前取样点	取样
消泡效果监测	测试分离器前后取样点	取样

3.2.3 现场应用

崖城 13-1 气田 G 井连续油管诱喷作业共分为三个阶段，见表 3-10。

表 3-10 G 井连续油管诱喷数据统计表

诱喷阶段	时间/h	时效/%	排水量/m³	注氮量/m³	发泡剂/L	返出气/(10⁴m³/d)
第一阶段	26.5	48	88	27703	1365	3
第二阶段	29.5	67	119	41036	1225	5
第三阶段	23.75	85.6	195	35770	570	20

第一阶段：采用均匀布点、定点气举方式，有地层气产出，持续生产近 10h。出现的问题：气举时效低，气举连续性差，均匀布点泵入液量大，且发泡剂用量也大。

第二阶段：采用定点布点、定点气举方式，采用液氮泵一用一备方式有效地保障了气举连续性，有地层气产出，持续生产 10h。出现的问题；液氮的使用方式上，在气举达到一定自喷能力时，使用间歇注氮气辅助排水的效果不好。

第三阶段：采用定点布点、定点气举方式，总结前期两阶段的经验教训，通过液氮泵一用一备方式不间断连续气举完 10 罐液氮，最终顺利实现气井自喷携液。

经过三个阶段的连续油管气举泡排诱喷作业，G 井在放喷状态下具备自喷生产能力：放喷状态下生产气量近 $20 \times 10^4 m^3/d$，间歇进流程生产日产气 $(5 \sim 10) \times 10^4 m^3$，由于产能低，生产背压高，无法持续进入流程正常生产，诱喷成功后进行放喷排水 40 多天，产水量呈现下降趋势，后续排水趋稳，排水约 $30 \sim 40 m^3/d$，截至 3 月 19 日关井为止，累计排水 $2000 m^3$ 左右。

在诱喷作业的基础上得出以下认识。

（1）加注发泡剂提高了携液能力和持续排水能力，减少了氮气用量。在加注发泡剂之后泵注氮气 $1.5 \sim 2.5h$ 内井口既有大量的水和泡沫返出，且一次性返出量大，持续时间较长，见图 3-15。

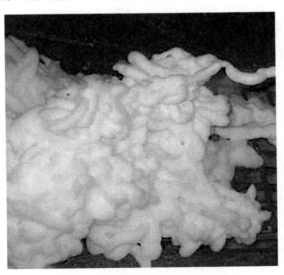

图 3-15　泡排期间返出流体状态

（2）在诱喷过程中，由于泡沫返出量大，消泡剂注入点至测试分离器距离较短，消泡效果有限，未消除的泡沫经过测试分离器进入冷放空流程后消泡成水，进入高压排放罐，未对气田的正常生产产生影响。但仍需进一步改进消泡流程或工艺提高消泡效果，见表 3-11。

（3）在诱喷过程中注气的连续性越好，诱喷效果越明显。

（4）大直径油管（内径 6.184"），低气层压力系数（诱喷前测压力系数 0.42），有限的液氮资源决定了在保证携液能力的同时需要节省液氮，优化注气量为 1500m³/d，见图 3-16。

表 3-11 诱喷期间排水量统计

诱喷阶段	测试分离器	高压排放罐	总排液量
	m³	m³	m³
第一阶段	48	40	88
第二阶段	36	83	119
第三阶段	154	41	195

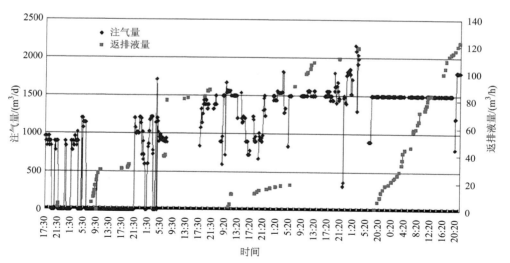

图 3-16 注气量与返排液量的关系

3.3 气举排水采气和连续油管诱喷复合工艺研究与应用

3.3.1 崖城 13-1 气田 J 井排水采气工艺筛选

根据 J 井井身结构，换管柱工艺，生产数据，地层流体参数，结合各种排水采气工艺的特点，对排水采气工艺的在崖城 13-1 气田的适应性进行分析。

（1）泡沫排水采气工艺的适应性分析 制约或影响泡排工艺开展效果的主要因素是地层水矿化度、产液凝析油含量、地层温度等。

J 井底安装封隔器，油套管环空不连通，化学剂的加入困难。如果采用油管携带毛细管（一般为 1/4" 或 3/8"）下入，由于井深井斜大，毛细管有磨破的风险，且为保证安全，毛细管下入深度只能在原 7" 油管切割口以上，距离射孔段顶部尚有较大距离，将降低泡排效果。投棒法间歇投入也难以满足生产需要，且定向井/水平井中投棒困难。

综上所述，泡沫排水采气工艺不能满足 J 井的使用要求。

（2）优选管柱排水采气工艺的适应性分析 优选管柱排水采气从理论到实践均是行之有效的，井身结构即油套管是否连通对该工艺的开展没有影响。J 井现有生产管柱为 7" 油管，在地层能量充足的情况下完全可以实现对凝析液的举升，但随着采出程度及地层压力下降的影响，现有管柱不可能长期有效的保证稳产，因此更换合理的管柱将是优先考虑的方式。

（3）气举排水采气工艺的适应性分析 目前气举工艺的排液量为

$50 \sim 500 \mathrm{m}^3/\mathrm{d}$ 甚至更高，最大注气深度 3200m（垂深）。气举工艺还适应于气液比和产量变化范围大、出砂、高腐蚀性的井。气举工艺对单井控制储量大于 $0.5 \times 10^8 \mathrm{m}^3$，剩余可采储量大于 $0.2 \times 10^8 \mathrm{m}^3$ 的井，经济效果非常显著。

气举工艺的局限性主要表现在：工艺受注气压力和举升压力对井底造成的回压影响，不能把气采至枯竭，因此，低压井难以采用；需要高压气井或高压压缩机作高压气源，压缩机的一次性投资较大；套管必须能承受注气高压，高压施工对装置的安全可靠性要求高。

崖城 13-1 平台外输压力达 10MPa，完全可以利用该气体实施气举，因此高压气源不再是主要约束因素。于是，影响崖 13-1 气田开展气举排水采气工艺的因素主要就是地层压力：生产后期地层压力太低不宜采用或排水效果较差。

由于气举排水采气工艺对井身结构、排量范围、井口设备与流程等的限制很小，预期将成为崖 13-1 气田水淹后人工排水采气的主要工艺。基于井底安装封隔器的需要，可选择半闭式气举装置。

（4）柱塞排水采气工艺的适应性分析　柱塞气举排水采气井口配套简单，既可完全利用地层能量生产，亦可辅助注气，能较好满足海洋生产平台的需要。但 J 井采用定向井，在一定程度上限制了柱塞的有效运行，存在柱塞阻、卡的风险；柱塞气举要求油套管连通，且其适用范围较窄（排水量较小），在具备实施气举排水采气工艺的条件下，完全可以用气举工艺代替。

因此，柱塞气举排水采气工艺不能满足 J 井的生产需要。

（5）机抽排水采气工艺的适应性分析　机抽排水采气对于定向井、水平井的适应性较差，且检泵作业时平台上需要增加抽油杆排放空间，此外井底油套管环空要求完全连通，并且机抽也不能满足 A13

井的排水量要求。

（6）电潜泵排水采气工艺的适应性分析　J井气液比高，深度大，井斜大，井底温度高，电泵工作环境恶劣，对电泵系统要求很高，地面需要较复杂的配套设施。两口井均安装了生产封隔器，井底油套管不连通，无法满足电潜泵油管排液、环空采气的要求。同时，电潜泵的排液范围气举能完全满足，且气举更具优越性。因此，崖13-1气田不能采用电潜泵排水采气工艺。

综上所述，J井采用更换小尺寸管柱＋气举辅助排水采气工艺，既提高气井的携液能力，也能够在修井时利用环空注气诱喷，待生产后期管柱无法携液时采取环空注气辅助排液。

3.3.2　气举排水采气工艺设计

3.3.2.1　设计思路

J井、K井更换 4-1/2" 油管之后提高了气井的携液能力，在不需要气举助排的情况下能够自喷生产一段时间，待气井无法携液后实施气举辅助排水采气，由于气井开始实施气举助排时的生产动态（地层压力，井口压力，产气量，产水量）无法准确模拟，特别是产水动态无法预测，使得这两口井的气举排水采气设计具有特殊性，需考虑地层压力降低，水气比升高后的情况，设计思路如下：

① 考虑 9-5/8" 套管抗外挤强度，确定气举工作阀处的最低套压；

② 利用气井生产数据确定产液指数；

③ 变地层压力气举设计，并在不同地层压力和水气比条件下对气举设计进行敏感性分析，优选气举阀设计方案；

④ 据气井生产管柱结构特点，气层能量，确定气举方式。

3.3.2.2 气举方案设计

（1）J 井当前地层压力下的气举设计

① 确定采液指数　按照当前地层压力，根据生产工况及井筒压力分布计算得到产液指数 $99m^3/(d \cdot MPa)$。

② 注气压力敏感性分析　为了分析注气压力对注气点深度、产液量的影响，进行了注气压力与注气点深度、注气量的敏感性分析。根据该敏感性分析，初定气举时的注气压力为 7.9MPa。

③ 软件自动优化设计结果　井口油压取 2.1MPa、油管按4-1/2"、压井液按不在井口而取地层压力对应的静液面进行气举设计。通过试设计，当地层气液比≤$150m^3/m^3$ 时，由于注气点以下管流对井底的回压较大，气举不能使之复活。因此，按气举能够使井复活的最低气液比 $200m^3/m^3$ 进行设计，当实际气液比高于此值时，更容易卸载、诱喷复活。其连续气举设计结果见图 3-17。

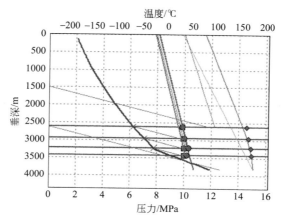

图 3-17　当前地层压力下连续气举设计结果图

④ 当前地层压力下的气举设计结果对地层压力、气液比的敏感

性分析 为了考察以上设计方案在地层压力与地层气液比降低后的可行性，对地层压力下降后的工况进行敏感性分析。计算表明：

地层气液比 1000m³/m³ 条件下，当地层压力在 12MPa 以上时，能够自喷生产；当地层压力低于 12MPa 时不能自喷，气举能够适应的最低地层压力为 8MPa。

地层气液比 200m³/m³ 条件下，当地层压力在 8～10MPa 时，气举卸载量较低，虽然有产液量但可能无法使井复活。

地层气液比 100m³/m³ 条件下，当地层压力在 8～11MPa 时，气举卸载量较低，虽然有产液量但可能无法使井复活。

地层气液比为 0、即完全淹死条件下，当地层压力在 8～11MPa 时，气举卸载量较低，虽然有产液量但可能无法使井复活。但是如果气液比更高，或井口压力更低，利用气举能够实施助排。

（2）J 井不同地层压力下的气举设计 按照以上的设计分析思路，为了考察不同地层压力条件下的气举设计结果，对地层压力在 9.5MPa，10.5MPa 的地层压力进行设计，然后在不同地层压力和水气比条件下进行敏感性分析，通过对比气举设计见表 3-12。

表 3-12 J 井气举设计结果

| 序号 | 气举设计结果 | | | | | | 模拟运行结果 | | |
	测深/m	阀径	Ptro(@60F)/MPa	阀温/℃	地面关闭压力/MPa	地面打开压力/MPa	卸载液量/(m³/d)	卸载气量/(10⁴m³/d)	阀最大过气量/(10⁴m³/d)
1	4392.8	5/16"	6.73	154	7.50	7.72	101	5.07	5.4
2	4825.6	3/8"	6.93	163	7.40	7.66	109.8	6.16	7.04
3	5139.5	3/8"	6.83	168	7.29	7.49	109	6.16	6.47
4	5378.5	7/16"	7.22	169	7.19	7.41	103.2	6.16	7.07

（3）设计结果 通过对 J 井的气举设计，在后期地层压力较低的条件下地面注气压力小于 10MPa，而平台现有流程、设备能够提供最大压力 13.5MPa 的外输干气。因此，通过对现有流程的改造，该

高压气完全能够满足气举需要。

崖 13-1 气田产液量较大,一旦 4-1/2" 生产油管出现携液困难,气井将很快水淹;同时在后期地层压力较低时,水淹后的气举卸载、复活较困难。因此,崖 13-1 的气举推荐采用连续气举。

从安全生产角度,推荐采用半闭式生产管柱。由于用于气举的高压气源为经过脱水处理的外输干气,虽然含有 CO_2,但气举时对上部套管的腐蚀可以忽略,管柱要求如下:

① 生产管柱上部与油管挂相连的 7" 双公短节长度尽量短。

② 最下部气举阀安装在原 9-5/8"SB-3 封隔器以上 50~60m。

③ 生产管柱下部不安装单流阀,以利于关井、淹死后井筒中液相在必要时向产层的压灌、卸载与复活。

④ 生产油管及井下工具材质选择 13Cr 不锈钢。

气举阀调试结果见表 3-13。

表 3-13　气举阀调试结果

序号	阀座孔径	调试温度/℃	要求地面调试打开压力/MPa	实际地面调试打开压力/MPa
A13-1	5/16"		6.73	6.64
A13-2	3/8"	15.5	6.93	6.84
A13-3	3/8"		6.83	6.73
A13-4	7/16"		7.22	7.13

3.3.3　连续油管气举诱喷工艺

J 井井深,地层压力系数低,气举阀设计主要考虑气井生产后期,当 4-1/2" 油管无法携液时,采用环空注气辅助气井生产。修井作业过程中修井液将到达井口,利用目前的气举阀设计将无法实现修井后单独利用气举阀进行环空注气诱喷，如果要实现气举阀诱喷，需要8～9支气举阀，且诱喷和后期排水采气的气举阀设计参数无法兼顾，为满足后期辅助排水采气的需要，利用连续油管实施修井后的诱喷作业，如果诱喷不活再利用气举阀实施后续的环空注气诱喷。

利用 PIPESIM 软件模拟了 1-3/4" 连续油管下入至 4-1/2" 油管中实施气举的排液量（地层压力取 11.03MPa），表 3-14。

表 3-14　J 井连续油管气举诱喷模拟

下深/m	注气量/$(10^4 m^3/d)$	不同采液指数对应的产液量/(m^3/d)		
		$50 m^3/(d \cdot MPa)$	$100 m^3/(d \cdot MPa)$	$150 m^3/(d \cdot MPa)$
5000	2.16	38.9	43.6	45.4
6000		77.0	85.6	88.8

为避免氧腐蚀选择液氮作为气举气源。J 井诱喷所造成的负压见表 3-15。

表 3-15　J 井诱喷所造成的负压

预测的地层压力/MPa	10.34
连续油管下入深度/m	6000
最深一级气举阀下入深度/m	斜深 5379/垂深 3384
堵水层位/m	斜深 6242/垂深 3860
掏空至 6000m 能够造的压差（压井液相对密度 1.03）/MPa	8.92
掏空至 6000m 能够造的压差（压井液相对密度 1.2）/MPa	8.69
掏空底阀以上修井液能够造的压差（压井液相对密度 1.03）/MPa	5.53
掏空底阀以上修井液能够造的压差（压井液相对密度 1.2）/MPa	4.74

3.3.4　现场应用

利用 L 井、P 井生产气进行 J 井环空气举排液造负压，环空注气压力 7.93～8.55MPa，油管压力 0.69～2.07MPa 周期性波动，累计排水 183m³。

利用连续油管和环空同时实施气举排液，在 5700m 定点气举，氮气最高排量 1500m³/h，泵注压力最高 12.4MPa，油嘴管汇压力周期性波动，保持在 0.9～2MPa，累积泵注 9900m³ 氮气，气举返出液量 24m³，继续保持环空注气流程继续进行环空气举，注气压力在 7.34～7.56MPa，油管压力 1.03～1.59MPa 周期性波动，累计排水 212m³，J 井嘴前压力逐渐上涨至 2.62MPa，温度升高至 60℃，产气量 7080m³/h（冷放空热值流量计显示），各放喷参数稳定升高，判断诱喷成功。通过高压过滤器保持将 J 井导入生产流程，生产较稳定。

4

堵控水技术与实践

4.1 堵控水技术类型及适用性分析

海上气田大多为大斜度定向井或水平井，可根据不同井型选择不同的堵控水方式。按照堵控水方式，可分为机械、化学两种方式。

4.1.1 机械堵控水

机械堵控水是指使用封隔器及其配套的控制工具来封堵高含水产水层。机械堵控水的成功率和有效率相对较高，在大斜度井堵水中，它仍然是主要的治水方式，技术较成熟。机械堵控水必须借助于管柱来实现，根据井型不同，机械堵控水的方式有不同的选择，封隔器和井下控制工具的组合选择也不同。

4.1.1.1 分层机械堵水管柱

分层机械堵水管柱适用于多层开采且层间含水差异较大，隔层厚度相对较大、固井质量较好的气井堵水。海上大斜度气井堵水作业主要由滑套、工作筒（堵塞器）、封隔器、桥塞等井下工具实现水层隔离。

对于海上气井自喷管柱，如不需要防砂，可直接下入分层生产管柱，目的层位生产管柱主要由滑套和可回收卡瓦封隔器等井下工具组成，封隔器靠液压来坐封，可以实现细分层卡堵水，上提管柱即可使封隔器解封。对于需要防砂的气井，先对目的层进行防砂作业，再在防砂管柱的基础上，通过下带滑套的中心管或者生产管柱加隔离密封，实现分层开采，开关滑套即可实现卡堵水。

对于完井期间没有下入分层生产管柱，后期又需要堵水的气井。如上层出水，可直接下入双封隔器封堵管柱，封堵出水层，缺点是堵水后管柱结构复杂，通径受限。如下层出水，可直接下入堵水桥塞进行机械封堵。堵水桥塞由于其施工作业简单、经济性较好，在海上气田应用较多。其缺点就是不同厂家桥塞性能不同，不好把控。

4.1.1.2 水平井机械控水管柱

长井段生产井，特别是很多水平井的开发失败案例表明，在地层水、注入水突破后的治理难度要远大于直井。机械控水即在完井阶段下入控水管柱，通过均衡长井段的产出来延缓水的突破。从 20 世纪 50 年代，国内外就前期完井控水和中后期控水开展了大量工作。发展了变密度筛管完井技术、中心管控水完井技术、井下水槽（DWS）控水完井技术、可渗透性膜控水装置、油可选择性流入控制系统、

PICD（被动式流入控制装置）控水完井技术以及 AICD（自适应入流控制装置）控水完井技术。

AICD 智能控水装置的技术原理是依据伯努利方程流体动态压力与局部压力损失之和恒定的理论，通过流经装置的不同流体黏度的变化控制装置内自由浮动盘的开度。当相对黏度较高的原油流经装置时，自由浮动盘开度较大；当相对黏度较低的水流经装置时，自由浮动盘因黏度变化引起的压降自动调小开度，从而实现智能化控水、增油的目的，如图 4-1 所示。

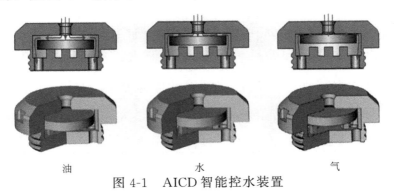

油　　　　　　　水　　　　　　　气

图 4-1　AICD 智能控水装置

新型 AICD 装置不存在运动部件，仅根据流体性质和流动路径区分流体，限制水的产出，如图 4-2 所示，因此新装置具有稳油控水能力强的优点，对油相密度和黏度均有较大的适用范围。当雷诺数 $Re<2320$，黏滞力将会对流场产生更大的影响，流体容易转向流入分支流道。当雷诺数 $Re>4000$，惯性力将会对流场产生更大的影响，

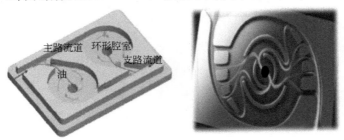

主路流道　环形腔室
支路流道
油

图 4-2　新型 AICD 装置控水原理示意图

流体保持原流动方向流入主流道。

总的来说，水平井机械控水主要是针对油井提出，其控水原理均是根据油、水、气三相的物性不同而控制流出，但针对海上见水气井，这类机械控水工具并不适用，且关于水平气井的控水工具还未见报道。

4.1.2 化学堵控水

化学堵控水就是选用一定的施工工艺把选择出来的堵剂注入地层，封堵高渗水流通道，进而扩大整个区域的水驱波及范围，可以分为选择性化学堵控水和非选择性化学堵控水，见图 4-3。化学堵控水最大的优势为无需动管柱，且选择性化学堵控水无需找水。对于长井段生产井来说，化学药剂的现场用量往往很大，且药剂大都需要在现场进行配置，大药剂量的配置、泵注对于条件有限的海上平台来说难度较大，同时存在堵剂污染储层的风险。

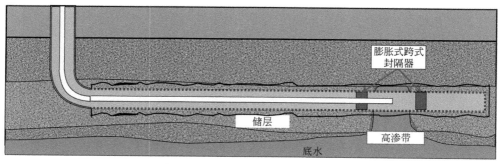

图 4-3 化学堵控水工艺示意图

4.1.3 适用性分析

崖城 13-1气田自 2007 年下半年以来的生产已经表现出受凝析

油、凝析水和边水侵入的影响，产气量下降，产水（液）量上升，个别井产水（液）量和水气比呈明显上升趋势，目前，已有 7 口井（如 B、C、E、G、I、J、K）明显有地层水侵入，其中 I、G 井已水淹停喷，另外 5 口气井有水淹停喷风险。随着采出程度的逐步增加和地层压力的递减，边水的活跃程度必然加剧，崖城 13-1 气田的出水将是难以避免且必然呈逐渐加剧之势，必将危及崖城 13-1 气田的稳定生产。

由于 PICD（被动式流入控制装置）、AICD（自适应入流控制装置）等机械控水技术是针对油井提出，其控水原理均是根据油、水、气三相的物性不同而控制流出。但针对海上见水气井，这类机械控水工具并不适用，且关于水平气井的控水工具还未见报道。因此下面主要根据机械堵水和化学堵水两方面进行分析。

根据前期研究得出的研究结论：现有的有机堵剂和液体桥塞不能满足崖城 13-1 气田高温的需求，同时由于各井主力生产层位压力系数较低，采用化学堵水不能满足油藏保护的要求。因此采用化学堵水长期封堵出水层位不可行，推荐采用机械堵水的方式封堵下部出水层位。选择合适崖城 13-1 气田的机械堵水工艺需要综合考虑堵水井井况、出水层位油藏地质特征、水体的锥进方式、堵水效果、作业风险、作业成本、后续开发方式等方面。

因此，满足崖城 13-1 气田的机械堵水工艺需要从以下几个方面进行考虑。

（1）机械堵水工艺的选择要考虑到井深、井斜、井底高温、低压等复杂井况。

（2）根据气藏对堵水层位的分析，要能满足堵水层段长度与堵水前校深的要求。

（3）堵水工艺要考虑气井的见水方式，有效控制水淹速度。

（4）为提高机械堵水的成功率，需要一种成熟的堵水工艺，同时考虑到堵水作业进度对后继调整井钻井作业的影响，要求尽可能降低作业风险。

从以上因素考虑实施管内机械封堵＋倒水泥工艺具有如下几点优势。

（1）工艺简单，只要能够寻找到一种耐高温和高压差的桥塞或封隔器，通过连续油管或电缆就可以实现堵水。

（2）国内外油气田有利用桥塞堵水的成功先例。

（3）桥塞或封隔器上倾倒水泥，进一步保证封堵效果。

（4）可以实现不压井作业，满足低压气井储层保护的要求。

（5）作业简单易行，为常规作业。

（6）气井为边水舌进，从下到上对气井逐层水淹，只需封堵下部水淹层位。

从崖城 13-1 气田基本情况、气藏的堵水要求、作业可行性考虑，建议采用桥塞或封隔器＋倒水泥的管内机械封堵工艺。

4.2　机械堵控水工具优选

4.2.1　工具要求

通过堵水工艺的分析与对比，优选了适合崖城 13-1 气田特点的机械堵水工艺：即过油管下桥塞/封隔器＋倒水泥。在机械堵水的工艺设计中选择适合的机械堵水工具是堵水工艺设计的关键之一，需要综合考虑以下几个方面的因素。

（1）气井机械堵水的目的。

（2）机械堵水的方式。

（3）原生产管柱能够通过的最小内径。

（4）坐封的管柱尺寸。

（5）气井井斜度及狗腿度的大小。

（6）机械堵水工具的送入方式、坐封方式及脱手方式。

（7）井底温度对机械坐封工具胶皮耐温性能的要求。

（8）机械堵水工具的耐压差要求。

根据选择机械堵水工具需要考虑的各种因素，结合崖城 13-1 气田 B、C、E、G、J 和 K 井的基本情况，提出满足这六口井机械堵水工具的基本要求。

（1）堵水工具能满足气井永久式堵水的要求，即：管内机械封堵＋倒水泥的方式。

（2）堵水工具外径必须能够安全通过气井生产管柱的最小内径，保证顺利从现有生产管柱中下入到封隔位置；崖 13-1 气田现有生产管柱结构：其底部为 7″尾管，通过 7″尾管封隔器与 9-5/8″套管形成密封；上部为带回收封隔器的 7″油管，B、C、E 井的最小内径为 5.75″；G、J、K 井的最小内径为 5.875″。

（3）堵水工具能够成功坐封到 7″，29ppf❶，L80-13Cr 的尾管中。

（4）根据各井的井斜数据：B、C、E、G 井拟采用电缆下入堵水工具及坐封的方式，J、K 井采用连续油管下入及坐封的方式。

（5）要求堵水工具胶皮筒工作温度在 176℃以上。

（6）堵水工具能够满足防 CO_2 腐蚀的要求。

---

❶　1ppf＝1.488kg/m。

（7）堵水工具能够满足堵水井段下部水层与上部油层的压差：34.5MPa。

（8）机械堵水工具坐封以后的胶皮长度不能超过坐封井段的长度。

4.2.2 机械堵水工具

根据崖城 13-1 气田六口气井的基本情况以及机械堵水工艺的要求，鉴于气井井深、井斜、地层高温的复杂情况，结合平台的修井能力和南海西部井下工具的使用情况，对长期从事井下工具服务的 Baker 公司、Halliburton 公司、Weatherford 公司就能否提供满足这六口井机械封堵条件的桥塞或封隔器进行了咨询和调研，根据调研结果介绍以下能够满足崖城 13-1 气田机械堵水要求的封堵工具。

4.2.2.1 Weatherford 正向密封桥塞

（1）桥塞基本结构　Weatherford 的正向密封桥塞（positive sealing plug，PSP）基本结构见图 4-4。

图 4-4　Weatherford 正向密封桥塞的基本结构

（2）PSP 桥塞的分类　正向密封塞（PSP）有标准型和可释放型两种，标准型是永久性的桥塞，可释放型可以通过释放工具进行解封，一旦解封 PSP 桥塞可以自己掉落到井底或通过入井管柱推到井底。

（3）PSP 的基本功能　3.5"PSP 能够通过 3.62"的通径、可以坐封在7～9-5/8"的套管处，满足需要通过小直径油管在大直径的射孔段中进行机械封堵的要求。

其愈合系统可以避免井下液体对密封塞的腐蚀，防止胶皮弹性萎缩，保证了液压密封效果，并可以延长密封塞在井下的工作寿命，可以使密封塞和套管壁的结合效果优于其他同等口径的高膨胀比桥塞。

复合弹性密封系统结合防挤压系统可以提供高膨胀比的液压密封。井下液体对密封塞的压力冲击会对密封塞产生破坏，而复合弹性密封系统以及愈合系统可以帮助维持密封塞的密封效果。

（4）PSP 的运用范围

① 可以在油气井生产状态下下入；

② 封堵废弃的油层或水层；

③ 在产层之间设置密封达到分层开采的目的；

④ 作为井下灰浆平台。

（5）优点

① 和业内同类桥塞相比可以承受最高压力差、工况温度最高；

② 最长使用寿命；

③ 可释放型桥塞备选；

④ 可以通过电缆和连续油管下入并坐封。

（6）规格

PSP 桥塞规格及工况见表 4-1。

表 4-1　PSP 桥塞规格及工况

套管口径	产品号	规格（套管）	入井长度/cm	安放长度/cm	压力差/MPa
7"	404-350-7020	7"20ppf	104	60	24.1
7"	404-350-7023	7"23ppf	104	60	24.1

套管口径	产品号	规格（套管）	入井长度/cm	安放长度/cm	压力差/MPa
7"	404-350-7026	7"26ppf	104	60	24.1
7"	404-350-7029	7"29ppf	104	60	24.1
7"	404-350-7032	7"2ppf	104	60	24.1
7"	404-350-7035	7"35ppf	104	60	24.1
7-5/8"	400-350-76326	7-5/8"26ppf	108.5	60	13.8
7-5/8"	400-350-76329	7-5/8"29ppf	108.5	60	13.8
7-5/8"	400-350-76333	7-5/8"33ppf	108.5	60	13.8
7-5/8"	400-350-76339	7-5/8"39ppf	108.5	60	13.8
9-5/8"	400-350-76340	9-5/8"40ppf	158	73	6.9
9-5/8"	400-350-76343	9-5/8" 43ppf	158	73	6.9
9-5/8"	400-350-76347	9-5/8"47ppf	158	73	6.9
9-5/8"	400-350-76353	9-5/8" 53ppf	158	73	6.9

注：可通过最小口径为 3.62"(9.2cm)；工况温度为 116～119℃。

4.2.2.2 Weatherford 极限桥塞

（1）极限桥塞结构　Weatherford 极限桥塞基本结构如图 4-5 所示。

图 4-5　Weatherford 极限桥塞的基本结构

（2）功能介绍　极限桥塞为永久性桥塞，可坐封在最大直径为自身口径 1.65 倍的管径处，桥塞外径具有 2.25～4"共四种不同的规格，可以通过的最小口径从 2.31～4.09"，可以坐封的管径范围：从 2.59～6.2"，能够满足过油管进行机械封堵的要求。

防滑系统可以确保桥塞在安放过程中的中心定位和密封性；防挤

压系统确保桥塞在井下可以承受最大压力差，愈合系统和防挤出系统一起确保了桥塞在井下的密封和使用寿命。如同普通过油管桥塞，使用极限桥塞时同样推荐在其上倾倒水泥灰浆以加固其密封效果并延长其使用寿命。

（3）运用范围

① 深水井，高温、高压井；

② 油、气、水井；

③ 实现过油管封堵层位。

（4）优点

① 高膨胀比（165％于自身口径）；

② 减少了井下走趟次数，降低非生产时间；

③ 降低在恶劣井况（高温高压）时的操作风险；

④ 坐封解封过程中不用使用炸药，从而降低了 HSE 风险；

⑤ 在市场中目前没有同类产品出现。

（5）规格　极限桥塞规格见表 4-2。

表 4-2　极限桥塞规格列表

桥塞外径	封隔器内径	可通过最小口径	封隔器安放范围	最大工况温度/℃	最大可承受压力差/MPa①
2.250"	—	2.31"	2.59～3.56"	190	69
2.690"	1.00"	2.75"	3.02～4.31"	190	69
3.250"	1.25"	3.31"	4.13～5.19"	190	51.7
4.000"	1.50"	4.09"	5.69～6.20"	190	51.7

① 井底温度为 121℃ 时可承受的最大压力差。

4.2.2.3　Baker "N-1" 型桥塞

Baker "N-1" 型桥塞是一种高性能的可钻式桥塞，可以在实施增产措施或固井作业的时候封隔产层，也可以对产层实施永久性或暂时性封堵。该类型的桥塞可以通过电缆、油管或连续油管的方式下入并坐封，结构见图 4-6。

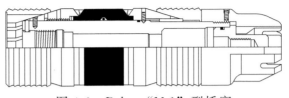

图 4-6　Baker "N-1" 型桥塞

Baker "N-1" 型桥塞分为多个系列，最高可以承受 69MPa 的压差，耐温 51.7～204.4℃。其中 3BB 型号的桥塞外径为 5.687"，耐压差 69MPa，最高可承受温度 204.4℃。可以坐封在 7"、29ppf、内径为 6.184"套管内。

4.2.2.4　Halliburton EZ Drill SVB 挤压封隔器

Halliburton EZ Drill SVB 挤压封隔器的工作筒是铜制的，这比铸铁制的工作筒更结实，韧性更强，因此桥塞在下入时可以承受更大拉力、冲击力和内压。该桥塞可以电缆、钢丝、连续油管和油管下入，采用水力或机械坐封，结构见图 4-7。

图 4-7　Halliburton EZ Drill SVB 挤压封隔器

Halliburton EZ Drill SVB 挤压封隔器有多种系列，可坐封在不同尺寸的套管中，其中坐封在 7"、29ppf、内径为 6.184"套管内（崖城 13-1 气田所用生产管柱）的桥塞外径为 5.5"，可承受 69MPa 的压差，218.3℃的高温。

4.2.3　堵水工具优选

（1）胶筒的耐高温能力　封隔器或桥塞能否承 G 井的高温关键在于其密封胶筒，结合机械堵水工具的调研结果：Weatherford 3.5″ PSP 和 4″极限桥塞耐温可以达到 190℃；Baker "N-1" 型桥塞耐温能力可以达到 204.4℃；Halliburton EZ Drill SVB 挤压封隔器耐温能力为 218.3℃，这四种桥塞的耐温能力完全能够满足崖城 13-1 气田的地层温度要求。

（2）耐压差能力　根据水层压力的估算结果，崖城 13-1 气田 B、C、E、G、J、K 井水层压力 37.8～39.3MPa，气层压力为 11.9～12.3MPa。如果考虑到堵水成功以后随着气藏的开发，气层压力不断下降，水层与气层之间的压差还会加大，因此要求封隔器在 6.184″ 的坐封内径、176℃井底高温条件下能够承受 34.5MPa 的压差。

Weatherford 3.5″PSP 耐压差能力为 24.1MPa，不能满足气井的耐压差需求。Weatherford 4″ 极限桥塞、Baker "N-1" 型桥塞和 Halliburton EZ Drill SVB 挤压封隔器均能满足耐压差需求。

（3）封隔器或桥塞的通过能力　6 口井目前生产管柱的最小内径：B、C、E 井为 5.75″；G、J、K 井为 5.875″。在 Baker "N-1" 桥塞系列中，坐封在崖城 13-1 气田各井 7″生产套管中的桥塞型号为 3BB，其外径为 5.687″，与最小内径 5.75″的余量为 1.6mm。而 B、C、E 井 5.75″工作筒深度为 3499.1～3936.2m（测量深度，TMD），在余量很小和井深很大情况下下入 Baker "N-1" 桥塞具有较大的风险。

参照 I 井下堵水桥塞时的作业情况：I 井堵水作业时下入 Baker

5.687""N-1"桥塞（型号 3BB）至射孔段顶部遇阻，起出检查胶皮膨胀至 6.5"，经分析是胶皮材质和起出速度的影响所致；下入 5.75"通径规（A12 井最小通径 5.875"）通径至射孔段顶部遇阻，分析射孔段射孔后有毛刺或轻微变形。因此，使用 Baker "N-1"桥塞堵水有很大风险。如果使用 Halliburton EZ Drill SVB 挤压封隔器 5.5"桥塞，其外径接近 5.75"通径规，也有一定的风险。Weatherford 4"极限桥塞能够通过的最小内径为 4.09"，通过以上 6 口井的生产管柱到达坐封井段的风险较小。

（4）下入、坐封方式　以上四种桥塞均可以采用电缆或连续油管送入、坐封并脱手，在下入坐封方式上可以根据崖城 13-1 气田的各井井况进行不同的选择。

综上所述，从机械堵水工具的胶筒耐高温能力、耐压差能力、工具的通过能力、下入坐封方式等方面考虑：以上四种桥塞在耐温能力上都能满足崖城 13-1 气田的井况需求，而且都能提供适合崖城 13-1 气田的下入坐封工艺；但是 Baker "N-1"桥塞（型号 3BB）由于外径与生产管柱最小内径相差最小，且有在 I 井堵水作业失败的经历，所以运用该桥塞实施本次崖城 13-1 气田机械堵水作业有很大的风险；而 Halliburton EZ Drill SVB 挤压封隔器外径 5.5"，根据上次 I 井堵水作业时的通径记录，使用 5.5"外径的桥塞在下入时也有一定风险。

Weatherford 4"极限桥塞能够满足崖城 13-1 气田这 6 口井井底温度、水层与气层的压差、目前生产管柱最小内径的限制等要求，同时可以采用多种下入和坐封方式，能够满足气井机械堵水的要求。所以选取其作为崖城 13-1 气田 6 口井的机械堵水工具。

4.3　过油管机械堵水

过油管机械堵水是指通过连续油管或电缆连接下入封隔器或桥塞，采用液压、机械或电信号的方式进行封隔器或桥塞的坐封，实现下部水层的永久性或暂时性封堵。这种作业的优点在于作业前可以不起出原生产管柱，不需要压井，消除了压井液对地层的伤害，特别适合于低压油气井的堵水作业；过油管作业装备与技术成熟，作业时间也大大缩短，适合于海上油气田的机械堵水作业，对于崖城 13-1 气田也有很好的适应性。

4.3.1　电缆机械堵水

4.3.1.1　电缆机械堵水适用性分析

电缆过油管堵水是指通过电缆连接校深工具、桥塞坐封工具和桥塞，利用电缆作业的方式下入到封堵层位，采用 CCL 和 GR 准确校深，通过地面施加一个电信号实现桥塞坐封并脱手的目的。电缆下入桥塞坐封的方式可以使桥塞坐封深度非常准确，适合于坐封层段较短，对坐封深度的准确性要求较高的井，同时相较于连续油管作业，下入电缆的作业设备费用也大大降低。不过电缆过油管堵水受井斜和当时井况的影响比较大，对于井斜度较大的井其下入深度受限，同时下入深度也无法准确确定。

通过对历年来的钢丝测静压作业记录的分析，统计了 6 口气井 2006～2009 年钢丝作业下入深度，见表 4-3。

表 4-3　钢丝作业下入深度统计及评价

井号	桥塞坐封层段/(m,TMD)	下入深度/(m,TMD)	下入形式	下入过程	评价
B	3924.5～3926.6	3987.7 探到人工井底	钢丝测压	顺畅	可行
C	4244.9～4247.7	4330 探到人工井底	钢丝测压	顺畅	可行
E	3995.6～3997.5	4105 探到人工井底	钢丝测压	顺畅	可行
G	5290.1～5293.4	5155 鱼顶位置	钢丝打铅印	顺畅	可行
J	6229.7～6237.5	6300 遇阻	钢丝测压	不顺畅	不可行
K	7228.9～7233.2	7221 遇阻	钢丝测压	不顺畅拉力大	不可行

根据统计结果：B、C、E 井钢丝作业测压的下入深度已经超过了桥塞坐封深度，其中 B、C、E 井钢丝作业下入 3″通径规能够探到人工井底，通径过程顺畅。G 井有井底落鱼，所以目前钢丝作业只能下入到鱼顶位置，铅模外径为 5.5″，下入过程顺畅，该井机械堵水之前需要打捞落鱼，虽然该井的井斜较 B、C、E 井大但是由于 G 井井筒中充满液体，所以采用电缆下 4″桥塞作业是可行的。从钢丝作业下深分析以上 4 口气井均可采用电缆下入桥塞并坐封的方式。J 井钢丝通径深度要根据当时的井况定，且钢丝通径过程不顺畅，拉力较大。K 井由于井斜较大，钢丝通径只能到射孔段顶部。

B、C、E、G 井均进行过电缆补孔作业，根据电缆补孔作业时的通径情况及射孔枪外径（如表 4-4 所示），B、C、E 井采用电缆下入 4.75″通径规均能下入到射孔段底部；G 井井下落鱼以前，下入 3.67″射孔枪到射孔段底部顺利补孔。

表 4-4　电缆补孔作业下深及评价

井号	通径规尺寸	通径深度/m	通径方式	通径过程
A2	4.75″	3987.70	电缆	顺畅
A3	4.75″	到井底	电缆	顺畅
A5	4.75″	4114.50	电缆	顺畅
A7	2001 年电缆顺利下入 3.67″射孔枪补孔(5151.12～5364.48m)			

根据钢丝作业及电缆补射孔作业下深及评价结果，B、C、E、G井采用电缆下入坐封 4″桥塞可行，J、K 井选用连续油管下入桥塞并坐封。

4.3.1.2 电缆机械堵水工具串及坐封程序

（1）电缆下入坐封桥塞工具串 Weatherford 4″极限桥塞电缆下入工具串（部分工具参数见表 4-5）：电缆＋马笼头＋CCL/GR＋变扣＋电子液压激发器＋过滤器＋3″电缆 3 级坐封工具＋坐封滑套＋4″极限桥塞＋4.5″扶正器。

（2）电缆坐封桥塞工作原理 电子液压激发器是坐封工具的激发系统，连接在坐封工具的顶部，它允许井筒流体进入工具的水力段。电子液压激发器是一个由电磁阀控制的电子设备，正常时电磁阀处于封闭状态，一旦有电压作用在激发器上，电磁阀打开，在外部井筒压力的作用下，弹簧从右向左推动活塞，将液压油排出，井筒流体进入联通管，通过串联的过滤器进入工具的液压段。

水力坐封工具在井底压力作用下，从激发段进入联通管的地层流体，通过喷嘴进入每一级坐封工具，推动活塞向井口方向移动，给桥塞提供一个持久的坐封力，实现桥塞在套管中坐封。

表 4-5 电缆下入坐封桥塞工具参数

工具名称	长度/ft	外径/″	重量/lb①
变扣	0.21	1.69	
电子液压激发器	3.9	1.75	16
过滤器组合	2.53	3	26
坐封工具	7.5	3	80
坐封滑套	2	4	24
4″极限桥塞	3.3	4	75

续表

工具名称	长度/ft	外径/"	重量/lb[①]
滚轮扶正器	2.5	4.5	30

① 1lb=0.4536kg。

（3）电缆坐封桥塞程序

① 根据 B、C、E、G 井目前的井底压力来确定桥塞的坐封压力并进一步确定桥塞的坐封级数。

② 进行 CCL 和 GR 功能测试。

③ 将电力液压激发器连接到工具串上，进行功能测试。工程师增加直流电压直到电磁阀打开，驱动液压油，记录电磁阀打开的电流和电压（用于和井底的打开电流和电压进行比对）。测试完成后，重新用液压泵注满油。

④ 将坐封工具、桥塞和扶正器连接起来并连接到工具串上，将工具串放入防喷管中。

⑤ 对防喷管试压，但是压力不能超过井底压力。这一测试也能检验坐封工具连接是否完好，如果有什么问题，在地面也容易处理。

⑥ 泄压，卸开升高管与采油树连接处，下放工具直到可以看到工具串底部，检查坐封工具是否过早动作，将工具串放回防喷管内。

⑦ 重新连接防喷管到采油树上，平衡防喷管与关井油压，打开清蜡阀。

⑧ 下井走趟，入井速度不要超过 100ft/min，在缩径处不要超过 20ft/min。

⑨ 电缆下入堵水桥塞下过封堵层段 10m 左右，上提工具串，采用 CCL 和 GR 校深（根据 SBT 测井曲线上的放射性记号深度校正桥塞坐封深度），将坐封桥塞对准坐封深度，坐封前检查工具串悬重。

⑩ 施加 150V/5s 的直流电压打开电磁阀，当激发器开始工作后，

地面的张力显示会出现 50lbf 左右的波动。

⑪ 地层流体通过过滤器和喷嘴进入坐封工具，坐封桥塞需要 10min。

⑫ 当桥塞完全安放后，一直开可切断螺母断裂，安放工具和完全安放的桥塞发生分离，张力系统显示出现 200lbf 的张力下降（具体数值可能会根据井况，如倾斜度，以及电缆摩擦力和井下液体密度而变化）。

⑬ 当地面出现确认信号以后，提升安放工具一定距离，并下行，轻探桥塞，来确认桥塞确实安放在目标深度。

⑭ 慢慢将坐封工具串拉离桥塞，起出井口，注意控制起出速度，上行过程中地面张力控制在 300lbf 以下。

4.3.1.3 电缆倒水泥工具串及倒水泥程序

（1）电缆倒水泥工具串　B、C、E、G 井电缆倒水泥工具串（部分工具参数见表 4-6）：电缆＋马笼头＋CCL/GR＋变扣＋水泥灰筒激发器＋3"倒灰工具＋3"水泥灰筒＋装灰接头＋倒灰活门。水泥灰筒的容量为：55.9L，一次倒灰量相当于 7"套管容积 2.4m。

表 4-6　电缆倒水泥工具参数

工具名称	长度/ft	外径/(")
马笼头	1	1.69
CCL/GR	0.23	1.69
水泥灰筒激发器	2	1.69
倒灰工具	7	3
3.00" 水泥灰筒	8	3
装灰接头	0.5	3
倒灰活门	0.8	2.125

（2）电缆倒水泥程序

① 连接水泥投放工具串。

② 根据水泥的说明书搅拌水泥，对于 40ft 长 3"外径的投放筒容量为 55.9L。

③ 将水泥从搅拌器中倒入投放筒。如果需要从底部泵入，根据底部注入操作程序执行。

④ 下放工具串，在工具串底部距离桥塞顶部 2m 处停止（或者是距上一次投放水泥的位置 2m 处），准备投放，注意检查电缆上提张力。

⑤ 输送 80V 或者 100mA 的直流正电到电缆输送投放头上。此时会有一个张力变化在张力指重表上说明水泥已经倒出。

⑥ 等候 10min，然后加速上提 20m，拉出井口。

⑦ 在井口对工具进行清洗，然后准备下一次的投放。

4.3.2 连续油管机械堵水

4.3.2.1 连续油管机械堵水适用性分析

对于采用电缆下入桥塞坐封有风险的 J、K 井采用连续油管下入，连续油管的优点是：它可被任意起出和下入井筒，还可以强行下入井中，不需要在作业前压井，在下井过程中能够循环流体，因此适用于低压气井的堵水作业。但是 J、K 井井斜度大，井很深，生产气中含有 H_2S 和 CO_2，井况比较复杂，需要对连续油管的选型以及连续油管的作业能力进行分析以判断是否能够采用连续油管进行堵水。

（1）连续油管选型 1.5"、1.75"和 2"的连续油管参数见表 4-7。

表 4-7　连续油管参数表

普通锥度油管					
肖氏硬度（HS）90					
1.50"		1.75"		2.00"	
拟用管道锥度/(")	长度/ft	拟用管道锥度/(")	长度/ft	拟用管道锥度/(")	长度/ft
0.109	5050	0.125	5000	0.145	4500
0.116	2010	0.134	1720	0.156	4500
0.125	3030	0.145	1715	0.175	4000
0.134	3425	0.156	1640	0.190	4400
0.145	1085	0.175	1730	0.204	3000
0.156	5600	0.190	1720		
		0.204	6625	总长：20400ft 总重：68355lb	
总长：20200ft 总重：38732lb		总长：20150ft 总重：56345lb			

分别计算这三种尺寸的连续油管在 16940ft（TMD）时的 4 个参数（如表 4-8 所示）：地面的最大上提力，作用在工具串上的向下的压力，作用在工具串上的最大拉力，最大上拉力。

表 4-8　连续油管选型计算

连续油管	1.50"	1.75"	2.00"
最大下深/ft	16940	16940	16940
地面的最大上提力/lbf	47424.70	71338.04	77788.25
作用在工具串上的向下的压力/lbf	1113.00	1806.27	2810.21
作用在工具串上的最大拉力/lbf	7496.86	12517.07	10366.23
最大上拉力/lbf	14286.00	23924	19742

注：以上计算是考虑连续油管下入和起出时采用氮气循环的情况。其中下入时的摩阻系数取 0.35，起出管柱时的摩阻系数取 0.25，并且不考虑使用减阻剂。

通过计算结果进行对比分析：

① 比起其他两种尺寸，1.75"连续油管可以作用在工具串上的拉力最大。

② 当连续油管长 20000ft 时 2"比 1.75"连续油管重 12010lb，有

可能会产生运输及吊装问题。

③ 1.5″连续油管下入时能够作用在工具串上的压力只有：1113lbf，如果考虑井斜，井深及计算误差等诸多条件，1.5″连续油管的作用能力有限，和其他尺寸的连续油管相比有较大的作业风险。

通过以上分析 1.75″连续油管作业能力最强，便于运输和吊装，同时选用 1.75″的变径连续油管（具体参数见表 4-9）以减轻连续油管下入时由于自重对井口部分产生的拉力，增加连续油管的作业能力，降低作业风险。

表 4-9　1.75″变径连续油管规格

顶部深度 /ft	顶部壁厚 /(″)	底部深度 /ft	底部壁厚 /(″)	壁厚对应长度 /ft	最小内径 /(″)	最大内径 /(″)
0	0.203	1211	0.203	1211	1.206	1.382
1211	0.175	3114	0.203	1903	1.262	1.438
3114	0.156	4802	0.175	1688	1.3	1.476
4802	0.134	7297	0.156	2495	1.354	1.52
7297	0.109	10274	0.134	2977	1.404	1.57
10274	0.109	24665	0.109	14391	1.404	1.57

（2）A13、A14 井连续油管作业能力分析　在优选了连续尺寸及类型以后，需要考虑 J、K 井的连续油管作业能力。在计算分析的过程中，J、K 井考虑起下连续油管时以每尺 10080m³ 的排量进行氮气循环的情况，并且没有使用金属减阻剂。

以 J 井为例进行连续油管作业能力分析，分析图如图 4-8 所示。

图 4-8 中有三条曲线，▼代表的是预测的指重表读数；△代表的是下油管时，管柱螺旋弯曲造成摩擦锁定时地面指重表的读数。当摩擦锁定发生时，即便再加上负荷，也无法向井下工具组合上传递任何的负载。如果继续增加负荷，则可导致如图中■代表的弯曲失效。通常来说这就是下管柱时的操作上限，一般指的是 80% 的屈服强度。

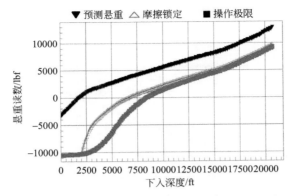

图 4-8 A13 井下连续油管时连续油管受力分析图

从图 4-8 中分析，A13 井下连续油管到 20698ft 时，有 3400lbf 地面作业空间。

A13 井下连续油管时作用在工具串上的力如图 4-9 所示。

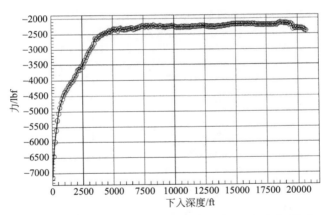

图 4-9 A13 井下连续油管时作用在工具串上的力

图 4-9 为不同深度时，可以施加在井下工具组合上的最大负载。该数值是管柱弯曲，发生摩擦锁定时，可以施加在井下工具组合上的最大负荷。从上图中分析，A13 井下连续油管到 20698ft 时，可作用在井下工具的力为 2400lbf。

A13 井起出连续油管时连续油管受力分析图如图 4-10 所示。

图 4-10 中▼所代表的是预测的指重表读数，随井斜变化而有所

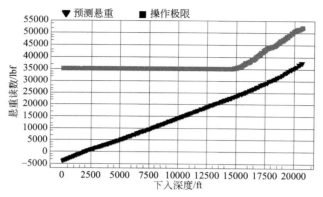

图 4-10　A13 井起出连续油管时连续油管受力分析图

变化。上面的■表示的是操作时的限制，是指当油管塑性变形时指重表的读数。通常是指 80％的屈服强度。从上图中分析，A13 井上提连续油管时在 20698ft 有 14800lbf 作业空间。

　　A13 井起出连续油管时作用在工具串上的力如图 4-11 所示。

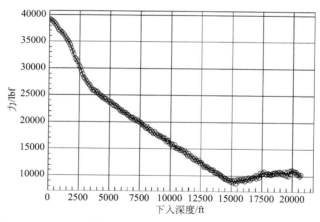

图 4-11　A13 井起出连续油管时作用在工具串上的力

　　图 4-11 所示的是提管柱时，在不同深度时，可以施加在井下工具组合上的最大拉力。该拉力等于连续油管的操作拉力上限减去连续油管的重量以及摩擦力。从上图中分析，A13 井上提连续油管时在 20698ft 可作用在井下工具上的拉力为有 10200lbf。

同样的方法对 A14 井的连续油管作业能力分析，得到的结果为下油管时，在 23890ft，有 3500lbf 作业空间，作用在井下工具上的力为 2740lbf。起油管时，在 23890ft，有 20000lbf 作业空间，作用在井下工具上的力为 11500lbf。

（3）连续油管下入桥塞循环方式选择　由于本次崖城 13-1 气田修井使用的 1.75"变径连续油管抗外挤能力并不是很强，同时为了下入时井底流体不会从连续油管内部返出，所以为了安全考虑，下入连续油管时需要建立循环，保持连续油管内外压力平衡，建立循环的流体可供选择的有地层水和氮气。如果连续油管下桥塞时采用地层水建立循环，由于气层的压力系数很低，所以很可能无法建立循环，同时也会对储层产生污染。采用氮气循环可以避免储层污染，由于建立循环所需的氮气流量比较少，地面泵压也可以控制在较小的范围，在连续油管下入桥塞时也可以减少桥塞提前坐封的风险。

（4）工作筒定位器的选择

① 液压式工作筒定位器　其工作原理是：当连续油管下入到原生产管柱工作筒以下时，通过连续油管内泵注液体并打压，工作筒定位器撑开，保持泵压上提连续油管寻找工作筒位置，当定位器的四个爪进入工作筒时，就会卡在工作筒里，这时可以通过地面的张力变化来判断是否已经找到工作筒，然后通过入井的连续油管长度和部分工具串长度、工作筒在原管柱图中的深度就可以实现连续油管校深。

② 机械式工作筒定位器　与液压式工作筒定位器的不同之处在于：通过机械的方式实现定位器爪子的撑开。校深原理与液压式的相同。

③ 工作筒定位器的选择　根据 Weatherford 4"极限桥塞连续油管

坐封操作步骤：4"极限桥塞坐封力为井底压力 11.4MPa 或以上，因此 4"极限桥塞的坐封力估计为 24MPa。但是考虑到 A13、A14 井工作筒位置：A13 井 5521.8m（MD），约 3464m（TMD）；A14 井 6850.1m（MD），约 3551m（TMD）。按照垂深 3550m 算，如果连续油管全部灌满相对密度为 1.03 的海水，其对桥塞坐封工具的力约为 36MPa，这还不包括地面的泵压。所以在向连续油管内泵注海水撑开工作筒定位器时可能导致桥塞提前坐封，通过以上分析，液压式的工作筒定位器并不可靠。建议采用机械弹簧式的工作筒定位器。

4.3.2.2 连续油管机械堵水工具串及坐封程序

（1）连续油管下入坐封桥塞工具串 A13、A14 井连续油管坐封桥塞的工具串（部分工具参数见表 4-10）：24500ft、1.75"变径连续油管＋连接变扣＋MHA（马达头总成）＋工作筒定位器＋激发器＋滤网集成＋4"极限桥塞液压坐封工具＋坐封滑套＋4"威德福极限桥塞＋4.5"扶正器。

表 4-10 连续油管下入坐封桥塞工具参数

工具名称	长度/ft	重量/kg	外径/(")
工作筒定位器	4.82		
CCL/GR	0.21		1.69
螺旋管或 EHA 执行机构	1.48	7.26	2.13
滤网集成	2.69	11.79	3
极限桥塞坐封工具	7.52	41.73	3
激发器	1.85	9.53	3.25
4"极限桥塞	2.54	24.49	4
愈合系统	1.54		3.25
扶正器	2.5	13.6	4.5

（2）连续油管坐封桥塞工作原理

① 工作筒定位器　下入坐封工具串到工作筒以下 10m，启动工作筒定位器，上提连续油管找工作筒，根据地面拉力数据可以判断找到工作筒位置，然后按照原井下管柱图进行深度校正。其校深准确性不及电缆，对于无法采用电缆下入坐封的 A13、A14 井，由于其坐封井段较长，且坐封井段距离工作筒位置较近，在工作筒位置准确的情况下，其校深结果还是能够满足桥塞坐封的需要。

② 激发器　用于连续油管下入时建立循环。循环短节外径为 2.13″，有 4 个 3/8″外径的循环孔，当下入连续油管时地面注入的氮气通过循环孔与环空联通建立循环，当到达坐封位置并校深之后，通过地面投入一个1/2″外径的无磁钢球，循环到位以后钢球封堵向外的循环孔，使压力向下传到坐封工具处。

③ 滤网集成　用于过滤从连续油管中进入液体，使干净的液体经过联通管进入坐封工具。

（3）连续油管坐封桥塞程序

① 向连续油管内部打入足够体积的液体以清除其内部的杂质。为确保连续油管内部已清除所有杂质，可以将随后用的激发球放入连续油管内部，试验是否可以一直通过，直至 4″极限桥塞释放工具上方的井下工具总成。

② 在密封断裂总成上安装销钉，使其破裂压力为井底压力 13.8MPa。

③ 为确保密封断裂总成在循环时并不断裂，保持连续油管一端开放，分别以 1/4 桶/h、1/2 桶/h、3/4 桶/h、1 桶/h、1.5 桶/h 的泵速循环连续油管，每种泵速下各循环 5min，并记录泵压；随后连接工具串至连续油管，以 1/4 桶/h，1/2 桶/h，3/4 桶/h、1 桶/h、1.5

桶/h 的泵速循环 5min 并记录泵压。两次泵压的差即作用在密封断裂总成上的力。

④ 安装破裂盘接头，它会在压力高于桥塞坐封压力 13.8MPa 时被激发（坐封压力＝井底压力 11.4MPa）。

⑤ 连接液压坐封工具，4″极限桥塞和连续油管，将管串下入放喷管，平衡立管与井口压力，并打开井口。

⑥ 开始下井走躺，走躺速度不要超过 100ft/min，在任何小口径处放慢速度至 20ft/min。

⑦ 在释放过程中 4″极限桥塞的顶部深度将保持不变，所以将以 4″极限桥塞的顶部为基准确认目标深度，并在释放 4″极限桥塞以前记下连续油管的下方重量与提升重量。

⑧ 确定 4″极限桥塞释放在目标深度以后，将一非磁性不锈钢球放入连续油管内部，并在连续油管内部泵入压力使其通过连续油管（此时要注意泵速，如果泵速过大，释放工具处的压力将使其在此球未达到底部前开始收缩）。

⑨ 保持泵速，至此不锈钢球通过所有连续油管，并坐落在连续油管的循环部。一旦球坐在循环阀内，缓慢向连续油管内泵入液体，可以看到压力有一个缓慢的增加（约 3.5MPa），继续泵液，直到压力突然下降，表示坐封工具开始工作。

⑩ 当 4″极限桥塞被释放后，会在地面的连续油管的重量计上有显示。继续保持泵压至断裂盘打开，连续油管的液体循环恢复。4″极限桥塞的释放压力需在井下压力的 11.4MPa 以上。

⑪ 液体循环恢复以后，用连续油管轻探 4″极限桥塞顶部，以确认其释放在目标深度处。如果不能得到确认，在拉出连续油管以前请示现场总监。

⑫ 将连续油管拉出，拉出速度参照安全操作规程。

4.3.2.3　连续油管倒水泥工具串及倒水泥程序

（1）连续油管倒水泥工具串　A13、A14 井连续油管倒水泥工具串如表 4-11 所示：24500ft 1.75"变径连续油管＋连接头＋MHA＋万向接头＋循环接头＋压力控制阀＋上接头＋水泥灰筒＋凸出插头。

表 4-11　连续油管倒水泥工具串

工具名称	长度/ft	外径	内径
连接头	0.45	2-7/8"	1-1/8"
马达头总成	2.8	2-7/8"	0.787
万向接头	1	2-7/8"	1-3/4"
循环接头	0.5	2-1/8"	1/2"
压力控制阀		3.125"	
水泥灰筒	15	3-1/2"	2.992"
凸出插头	0.5	3-1/2"	2"

（2）连续油管倒水泥程序

① 连接连续油管接头、马达头总成和分流接头至连续油管，提起工具串，缓慢下放，探至防喷器顶端。

② 在地面上将预先设定好的压力的凸出插头连接至倒灰筒底部，使其进入升高管，确保升高管能容纳全部工具串，并用安全卡瓦夹紧。

③ 将水泥浆倒入倒灰筒，装满但不要影响安装倒灰筒的上接头，安装倒灰筒的上接头和万向节。

④ 将上部工具串（连续油管接头、马达头总成和分流接头）和下部工具串（倒灰筒）连接起来。

⑤ 将工具串放入防喷管中并试压，泄压至井口压力。

⑥ 下工具至预定深度，检查深度和悬重。

⑦ 使投球口在连续油管滚筒上处于竖直位置，用于投入直径为 1/2"的球来改变流体流向，并确保球直接进入连续油管。

⑧ 打开投球口的盖子，塞入直径为 1/2"的球，关上盖子。在打开盖子前确保连续油管和滚筒管汇没有憋压。

⑨ 关闭泵出口管线的阀门，打压至 6.9MPa，然后迅速打开阀门，推动球进入连续油管。

⑩ 开始缓慢开泵，使泵速达到 1 桶/min，让球缓慢地在滚筒上的连续油管内前进，一旦球到达了鹅颈管，降低泵速至 0.5 桶/min，使球缓慢到达球座，当球坐在球座上，泵压力就会有一个明显的升高，立即停泵，重新设置泵排量，增大泵压，剪断销钉。

⑪ 保持泵排量，排出倒灰筒内的水泥，一旦水泥全部排出，起管柱，继续下一步工作。

4.4 机械堵水实施方案及现场应用

通过优选机械堵水工艺、堵水工具及堵水工具的下入坐封方式以后，按照崖城 13-1 气田调整井钻完井项目的安排，2010 年崖城 13-1 气田供气情况，气藏要求，修井工具和设备的采办及供货情况，利用本次安装钻机模块打调整井的机会对 A3、A5 井进行机械堵水作业；A2、A13、A14 井先进行机械堵水后更换小尺寸管柱；A7 井进行打捞、堵水作业。通过本次修井，缓解或解决崖城 13-1 气田目前存在的水体锥进问题，达到延长气井自喷生产寿命，提高气田的采收率。

4.4.1 电缆机械堵水实施方案

4.4.1.1 电缆机械堵水作业基本程序

① 召开作业安全风险分析会。

② 移井架对中，设备试运转。

③ 钢丝作业进入安全状态。

④ 组装钢丝防喷系统，并试压。

⑤ 钢丝作业捞井下安全阀。

⑥ 拆甩钢丝设备。

⑦ 电缆设备就位。

⑧ 连接电缆下桥塞坐封工具串组合，对防喷系统试压。

⑨ 电缆下入、校深、坐封桥塞并探塞面。

⑩ 按照倒灰量配水泥，连接电缆倒水泥工具串组合。

⑪ 电缆倒灰。

⑫ 清洗并拆甩电缆设备。

⑬ 钢丝作业下入井下安全阀。

⑭ 恢复井口交井。

4.4.1.2 电缆机械堵水作业决策树

电缆机械堵水作业决策树如图 4-12 所示。

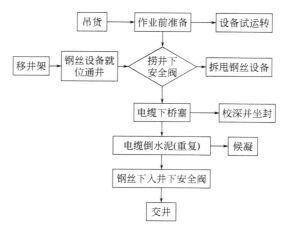

图 4-12 电缆机械堵水作业决策树

4.4.2 连续油管机械堵水实施方案

4.4.2.1 连续油管机械堵水作业基本程序

① 召开作业安全风险分析会。

② 移井架对中，设备试运转。

③ 钢丝作业进入安全状态。

④ 组装钢丝防喷系统，并试压。

⑤ 钢丝作业捞井下安全阀。

⑥ 拆甩钢丝设备。

⑦ 连续油管设备就位。

⑧ 连接连续油管防喷系统、氮气循环系统、液压坐封系统。

⑨ 对防喷系统做功能测试、对氮气循环系统和液压坐封系统试压。

⑩ 连接注入器，接鹅颈头，将连续油管接入注入器，做连续油

管接头。

⑪ 连接桥塞坐封工具串组合，对防喷系统试压。

⑫ 连续油管下入、校深、坐封桥塞并探塞面。

⑬ 按照倒灰量配水泥，连接连续油管倒水泥工具串组合。

⑭ 连续油管倒灰。

⑮ 清洗并拆甩连续油管设备。

⑯ 连续油管下入井下安全阀。

⑰ 恢复井口交井。

4.4.2.2 连续油管机械堵水作业决策树

连续油管机械堵水作业决策树如图 4-13 所示。

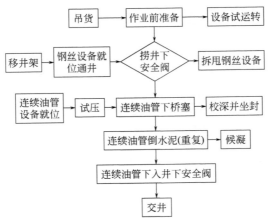

图 4-13 连续油管机械堵水作业决策树

4.4.3 现场应用

2010 年 11 月 A7 井采用电缆方式成功下入 4"极限桥塞和倒水泥作业，2011 年 1 月，钢丝测静压，探得液面下降至 2666m（堵水前液面深度为 311m），见图 4-14。堵水作业获得成功，这是南海西部气田首次在 5000m 以上的低压气井（压力系数低于 0.3）成功封堵高压水层（压力系数 1.05），堵水作业的成功保证了后续诱喷作业的成功实施，对于其他气井的堵水作业具有指导意义。

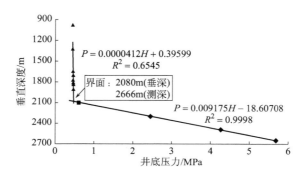

图 4-14　A7 井静压梯度测试

5

腐蚀防护技术与实践

　　海上生产的特点决定了井筒内外都与腐蚀介质有接触，而不同的介质所带来的腐蚀情况和结果也不一样。本章主要描述在井筒套管内外部腐蚀特征及对应的防腐措施。随着生产时间的延续，套管服役的时间也在增加，井筒流体中存在腐蚀介质。在低压治理过程中，关停井复产或动管柱作业往往都需要进行诱喷，诱喷过程中的流体可能会带来腐蚀。另外，井筒外层导管暴露在外部海洋腐蚀环境中。为弄清腐蚀介质带来的影响，制定相应的实验工况，分类对不同情况进行实验研究和分析，并根据实际应用条件制定了治理办法和策略。

5.1 腐蚀防护评价方法

5.1.1 管材标准试验

在崖城 13-1 气田，重点选取 9-5/8" 生产套管作为研究和评价对象。

5.1.1.1 化学成分分析

对管样三个不同部位取样，依据 GB/T 4336—2016，采用 ARL 4460 直读光谱仪对管样的化学成分进行取样分析，分析结果如表 5-1 所示。从分析结果可以看出，材料的化学成分满足 API5CT 标准的要求。

表 5-1 化学成分分析结果（质量分数）　　　单位：%

编号 元素	1#	2#	3#	标准要求
碳（C）	0.19	0.20	0.19	<0.43
硅（Si）	0.23	0.23	0.23	<0.45
锰（Mn）	1.37	1.37	1.37	<1.90
磷（P）	0.010	0.0099	0.010	<0.030
硫（S）	0.0035	0.0032	0.0034	<0.030
铬（Cr）	0.15	0.15	0.15	
钼（Mo）	0.0025	0.0025	0.0025	
镍（Ni）	0.020	0.019	0.020	<0.25
铌（Nb）	<0.001	<0.001	<0.001	
钒（V）	0.0035	0.0035	0.0035	
钛（Ti）	0.0017	0.0017	0.0017	

元素＼编号	1#	2#	3#	标准要求
铜(Cu)	0.023	0.023	0.023	<0.35
硼(B)	0.0001	0.0002	0.0001	
铝(Al)	0.036	0.036	0.036	

5.1.1.2 拉伸性能分析

依据 GB/T 228—2010，采用 UH-F500KNI 拉伸试验机对管样的拉伸性能进行检测，结果如表 5-2 所示。从分析结果可以看出，材料的拉伸性能满足 API 5CT 标准的要求。

表 5-2　拉伸性能试验结果

试样		R_m /MPa	$R_{t0.5}$ /MPa	A /%
编号	宽度×标距/(mm×mm)			
管体纵向	38.1×50	935	765	26.0
		950	785	25.0
		940	815	25.0
API 标准要求		>655	>552	>20

注：R_m 为抗拉强度；$R_{t0.5}$ 为屈服强度；A 为断面收缩率。

5.1.1.3 夏比冲击韧性

依据 GB/T 229—2007，采用 JBN-300B 冲击试验机对管样进行冲击韧性检测，结果如表 5-3 所示。从分析结果可以看出，材料的冲击韧性满足 API5CT 标准的要求。冲击试验试样取向如图 5-1 所示。

表 5-3　冲击试验结果

试样			温度 /℃	吸收能量/J		
编号	规格/(mm×mm×mm)	缺口形状				
管体横向	10×10×55	V	0	144	150	154
API5CT 标准要求				>能量吸收最小允许值(0.00236t+0.02518)或 27J 中的最大者		

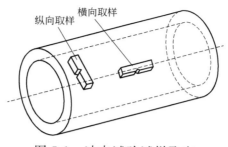

纵向取样　横向取样

图 5-1　冲击试验试样取向

5.1.1.4　金相组织分析

对管样三个不同部位取样，依据 GB/T 13298—2015、GB/T 6394—2017、GB/T 10561—2005 进行金相组织、晶粒度、夹杂物检验。结果如表 5-4、图 5-2～图 5-4 所示。

表 5-4　材料金相组织检测结果

项目 编号	非金属夹杂物/μm								组织	晶粒度
	A		B		C		D			
	薄	厚	薄	厚	薄	厚	薄	厚		
1#	0.5	0	2.0	0	0	0	0.5	0	内表面:粗大 $S_{回}$ +B+F $S_{回}$ +B	6.0 级
2#	0.5	0	1.0	0	0	0	0.5	0	内表面:粗大 $S_{回}$ +B+F $S_{回}$ +B	6.0 级
3#	0.5	0	0.5	0	0	0	0.5	0	内表面:粗大 $S_{回}$ +B+F $S_{回}$ +B	6.0 级

5.1.1.5　材料硬度分析

依据 GB/T 231.1—2018，采用 HB-3000 硬度试验机对管样进行布氏硬度检测，结果如表 5-5 所示；依据 GB/T 230.1—2018，采用 HR-150D 硬度试验机对管样进行洛氏硬度检测，结果如表 5-6 所示。

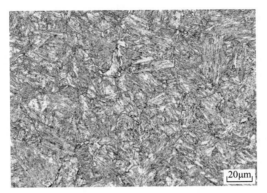

图 5-2　1#组织

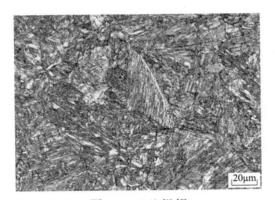

图 5-3　2#组织

图 5-4　3#组织

表 5-5　布氏硬度试验结果

编号	HBW10/3000
管体	292、293、292
API5CT	<241

表 5-6　洛氏硬度试验结果

编号	硬度试验结果（HRC）
管体	32.0、30.0、33.0
API5CT	<23

注：硬度通常用布氏硬度、洛氏硬度来表示，即如 360 HBW10/3000，表示用直径 10mm 的硬质合金球在 3000kgf（约 29420N）试验力下，保持 10～15s，测得的布氏硬度值为 360。

5.1.1.6　实验小结

① 生产套管材料化学成分、拉伸性能和夏比冲击性能均满足 API5CT 要求。

② 生产套管材料硬度指标偏高，不能满足 API5CT 要求。管材硬度超过标准规定值以后，在实际腐蚀环境中，导致应力腐蚀开裂风险增大，硬度越高，越容易导致在腐蚀条件下产生应力腐蚀开裂，硬度越低，越有利于抑制应力腐蚀开裂。

③ 生产套管材料金相组织分析表明，内表面组织主要为粗大 $S_{回}+B+F$，晶粒度为 6 级。在管材成分确定的前提下，管材的组织直接反映加工工艺，同时也决定着管材的力学性能和耐蚀性能。一般认为，组织越粗大，力学性能指标和耐蚀性能指标会下降。

5.1.2　高温高压腐蚀防护模拟试验

崖城 13-1 气田 A2、A13、A14 井见水情况日趋严重，水气比逐渐升高，已影响到气井的正常生产，若积液停喷后将更换气举管柱，等到气井携液能力不足时利用环空注入平台外输气实施气举，辅助气井排水采气，平台外输气的二氧化碳含量见表 5-7。

表 5-7　平台外输气组分化验数据（摩尔分数）　　　单位：%

组分	Run♯1A 摩尔分数,%	Run♯1B 摩尔分数,%	Run♯2A 摩尔分数,%	Run♯2B 摩尔分数,%	Run♯3A 摩尔分数,%	Run♯3B 摩尔分数,%
N_2	0.825	0.826	0.827	0.827	0.828	0.828
C_1	84.585	84.582	84.589	84.592	84.589	84.586
CO_2	10.308	10.308	10.294	10.292	10.284	10.284
C_2	2.667	2.667	2.672	2.670	2.676	2.676
C_3	0.922	0.923	0.924	0.927	0.927	0.927
$i\text{-}C_4$	0.227	0.227	0.228	0.228	0.228	0.229
$n\text{-}C_4$	0.217	0.217	0.217	0.217	0.218	0.218
$i\text{-}C_5$	0.085	0.085	0.085	0.084	0.085	0.085
$n\text{-}C_5$	0.052	0.052	0.052	0.052	0.052	0.053
C_6	0.044	0.044	0.044	0.044	0.044	0.045
C_7	0.066	0.066	0.066	0.065	0.066	0.067
C_8	0.001	0.001	0.001	0.001	0.001	0.001
C_9	0.002	0.002	0.002	0.002	0.002	0.002
总计	100.000	100.000	100.000	100.000	100.000	100.000

9-5/8″套管处在高含 CO_2、高含 Cl^-、不同温度的严重腐蚀性服役环境介质中，因此在环空气举时存在套管材料腐蚀的极高风险，有必要对 9-5/8″套管腐蚀机理及腐蚀行为展开研究，明确套管腐蚀行为，从而为相应的防护措施提供理论依据。

通过高温高压实验，模拟套管在气举过程中的服役环境，系统研究套管在现场条件下的腐蚀规律；通过对腐蚀产物膜的研究，分析了腐蚀特征及腐蚀机理。

5.1.2.1　模拟试验方法

每组试验采用三个平行试样，经打磨清洗除油后，测量并记录试样尺寸和质量。试验装置采用美国 Corrtest 的镍基合金制备的静-动态高温高压釜，图 5-5 所示为实验装置实物图，图 5-6 为其示意图。该装置具有精确的自动控温、控压、调节转速、计时和同步显示等功能。

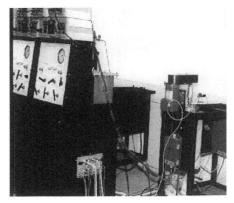

图 5-5　高温高压釜装置实物图

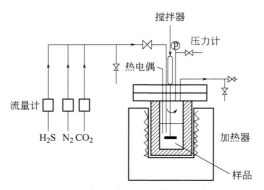

图 5-6　高温高压釜装置示意图

试验前，先往高温高压釜里注入腐蚀介质（海水），对需除氧的试验溶液通入高纯氮 12h 除氧，装上试样后将高压釜密封，对需除氧的试验溶液继续通入高纯氮 2h 除氧，升温到设计值后，一次通入定量的 CO_2 和 N_2，设定试验转速及试验时间。

试验结束后，等釜体自然冷却到室温后开始缓慢降压，以均匀的速度在 15～30min 内降至常压。试样取出，观察试样表面腐蚀状况，并拍照记录。将三个平行试样中的一个留作表面形态、结构及成分分析，其余两个去除腐蚀产物后称重，计算平均腐蚀速率。

按下述配方配制清洗液：盐酸（相对密度 1.19g/cm³）1L，三氧化二锑 20g，氯化亚锡 50g。常温下将试样置于清洗液中，仔细清洗，直至腐蚀产物清除干净。酸洗后的试样经过自来水冲洗，放入饱和碳酸氢钠溶液中浸泡 2～3min 进行中和处理，再用无水乙醇脱水 3～5min。最后将试样吹干放入干燥器中干燥 24h 后，用电子天平（精度 1mg）称重，通过失重法计算其腐蚀速率。

为修正酸蚀造成的实验误差，在去除腐蚀产物的同时，将空白试样（即未进行过腐蚀试验的试样）同时按上述过程进行处理，以对实验结果进行修正。

5.1.2.2 腐蚀形态和产物膜分析

腐蚀形态和产物膜形貌采用扫描电子显微镜观察，腐蚀产物膜成分用电子显微镜观察附带的 X 射线能谱仪（EDS）和 X 射线衍射仪（XRD）进行分析。

失重腐蚀速率评价，结合微观分析方法。

平均腐蚀速率的计算方法如下：

$$V = \frac{365 \cdot 1000 \cdot \Delta W}{\rho t S} \tag{5-1}$$

式中　ΔW——试样的失重，g；

　　　ρ——材料的密度，g/cm³；

　　　t——实验时间，d；

　　　S——试样面积，mm²；

　　　V——平均腐蚀速率，mm/a。

在计算得到材料的平均腐蚀速率以后，对于腐蚀程度认识则依赖于标准的规定。NACE RP-0775-2005 标准对平均腐蚀的腐蚀程度有明确规定，该规定见表 5-8。

由于大多数石油管材的失效事故往往由局部腐蚀引起，所以对材料的局部腐蚀应予以足够重视。但是，由于局部腐蚀机理复杂，腐蚀坑一旦形成，其加速作用难以准确计算，所以至今尚无对局部腐蚀程度的明确规定。

表 5-8　NACE 标准 RP-0775-2005 对腐蚀程度的规定　单位：mm/a

分类	均匀腐蚀速率	点蚀速率
轻度腐蚀	<0.025	<0.127
中度腐蚀	0.025~0.125	0.127~0.201
严重腐蚀	0.126~0.254	0.202~0.381
极严重腐蚀	>0.254	>0.381

5.1.2.3　试验结果分析

（1）平均腐蚀速率　模拟套管在气举条件下的工况环境，分别测定不同温度下套管的平均腐蚀速率，结果如表 5-9 至表 5-12、图 5-7、图 5-8 所示。从测定结果可以看出，生产套管材料在气相中的腐蚀速率均远远小于材料在液相中的腐蚀速率；其中在气相中属于中度腐蚀，而在液相中则属于极严重腐蚀；气相条件下材料在 150℃ 左右腐蚀最严重，但未发现点蚀发生；液相条件下材料在 90℃ 左右腐蚀速率最高，且点蚀深入基体。

表 5-9　40℃ 时材料平均腐蚀速率测定结果

状态	编号	试验前质量/g	试验后质量/g	失重/g	面积/mm²	均匀腐蚀速率/[g/(m²·h)]	平均腐蚀速率/(mm/a)
液相	H7	10.7163	6.8551	3.8612	1288.160	20.03792	
	H8	10.7089	7.5589	3.1500	1279.252	16.46094	17.82462
	H9	10.6501	7.3909	3.2592	1283.518	16.97499	

续表

状态	编号	试验前质量 /g	试验后质量 /g	失重 /g	面积 /mm²	均匀腐蚀速率 /[g/(m²·h)]	平均腐蚀速率 /(mm/a)
气相	H1	10.6993	10.6930	0.0063	1282.396	0.032841	
	H2	10.6784	10.6635	0.0149	1281.702	0.077714	0.077479
	H3	10.6511	10.6277	0.0234	1283.430	0.121883	

注:CO_2分压为1.34MPa,总压为13MPa,温度为40℃,试验时间为10d,充气海水。

表 5-10　90℃时材料平均腐蚀速率测定结果

状态	编号	试验前质量 /g	试验后质量 /g	失重 /g	面积 /mm²	均匀腐蚀速率 /[g/(m²·h)]	平均腐蚀速率 /(mm/a)
液相	H7	10.7160	7.4920	3.2240	1288.160	16.73114	
	H8	10.6308	7.4200	3.2108	1279.252	16.77866	18.49823
	H9	10.7081	6.4870	4.2211	1283.518	21.98488	
气相	H1	10.6844	10.6763	0.0081	1282.396	0.042224	
	H2	10.6628	10.6592	0.0036	1281.702	0.018777	0.028494
	H3	10.7123	10.7076	0.0047	1283.430	0.024481	

注:CO_2分压为1.34MPa,总压为13MPa,温度为90℃,试验时间为10d,充气海水。

表 5-11　110℃时材料平均腐蚀速率测定结果

状态	编号	试验前质量 /g	试验后质量 /g	失重 /g	面积 /mm²	均匀腐蚀速率 /[g/(m²·h)]	平均腐蚀速率 /(mm/a)
液相	H0	10.4958			1272.998		
	H1	10.6690	9.7671	0.9019	1282.387	4.701532	12.689851
	H3	10.5983	10.4681	0.1302	1283.430	0.67817	
气相	H7	10.6110	10.6003	0.0107	1278.392	0.055953	
	H8	10.6899	10.6784	0.0115	1286.411	0.059761	0.057857
	H9	10.6827			1285.365		

注:CO_2分压为1.34MPa,总压为13MPa,温度为110℃,试验时间为10d,充气海水。

表 5-12　150℃时材料平均腐蚀速率测定结果

状态	编号	试验前质量 /g	试验后质量 /g	失重 /g	面积 /mm²	均匀腐蚀速率 /[g/(m²·h)]	平均腐蚀速率 /(mm/a)
液相	H1	10.6357	8.3062	2.3295	1280.300	12.16329	
	H2	10.7040	9.1745	1.5295	1288.504	7.935311	11.26289
	H3	10.6608	8.0346	2.6262	1282.396	13.69008	
气相	H4	10.6555	10.6000	0.0555	1281.702	0.289472	
	H5	10.6758	10.6181	0.0577	1283.795	0.300456	0.291644
	H6	10.6827	10.6279	0.0548	1285.365	0.285006	

注:CO_2分压为1.34MPa,总压为13MPa,温度为150℃,试验时间为10d,充气海水。

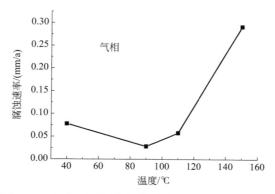

图 5-7　气相中材料腐蚀速率随温度变化规律

图 5-7 中结果表明，在 90℃以下时，管材的腐蚀速率随着温度的升高略有降低；当温度越过 90℃时，管材的腐蚀速率迅速上升。这说明，温度对管材在气相条件下的腐蚀行为影响较大。导致气相条件下管材发生腐蚀的原因主要是气相中的水分在腐蚀性成分的作用下与管材发生反应，导致管材发生腐蚀，温度会影响水分与腐蚀性气体成分，尤其是水分在管材表面吸附和脱附过程。这极大地影响气相条件下管材的腐蚀速率，因为管材的腐蚀是在水分介质中腐蚀性气体成分与管材作用发生的，所以温度的变化影响管材表面水分的脱附与吸附过程，从而影响到管材的腐蚀速率。此外，高温条件下，规律还会相应发生变化，温度高虽加速了水分在管材表面的脱附过程，但却增加了水分与管材接触的可能，概率性增加了管材的腐蚀，充分表现出了这样的规律。

图 5-8 给出的是在液相中管材的腐蚀随温度变化表现出的规律，总体上看，温度上升以后，管材在液相中的腐蚀速率下降。与气相条件下相比，管材在液体中的腐蚀速率远大于其在气相中的腐蚀速率，管材在液相中的腐蚀速率是在气相中的腐蚀速率的几十倍。

（2）腐蚀产物形貌分析　对经高温高压腐蚀实验后的试样表面进行宏观形貌及微观形貌观察。可以看出：

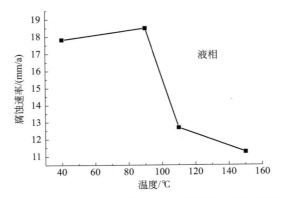

图 5-8 液相中材料腐蚀速率随温度变化规律

① 40℃、90℃时，材料在气相中局部腐蚀较严重，腐蚀产物疏松、不均匀，平均腐蚀速率较高；而材料在液相中则以均匀腐蚀为主，腐蚀产物膜均匀、致密，平均腐蚀速率相对较低；

② 110℃时，材料在气相和液相中均以均匀腐蚀为主，但液相中形成腐蚀产物膜明显厚于气相中形成的腐蚀产物膜，因此材料在液相中的腐蚀速率高于气相中的腐蚀速率；

③ 在液相中，材料在90℃时表面形成了大量麻点状的腐蚀产物，而其他温度下形成的腐蚀产膜相对较均匀、致密，因此90℃时材料的平均腐蚀速率最高。

（3）腐蚀产物成分分析 对经高温高压腐蚀实验后的试样表面腐蚀产物进行成分分析，从分析结果可以看出：

① 实验后试样表面的腐蚀产物主要含有 Fe、C、O 三种元素，由此可以判断腐蚀产物主要为 $FeCO_3$；

② 腐蚀产物中均含有一定量的 Cl^-，溶液中 Cl^- 的存在对材料的腐蚀起促进作用。

温度的变化是体系腐蚀性的重要影响因素之一，对腐蚀速率的影响主要体现在温度对保护膜生成的影响。$FeCO_3$ 的溶解度随温度升高而降低；同时，温度也会影响膜的生成速率、结构、致密度和稳定性等。按照 Pilling-Beddworth 原理，保持腐蚀产物膜完整性的必要条件是所形成的腐蚀产物膜体积必须大于所用去金属的体积。当 Fe^{2+} 与 CO_3^{2-} 的溶度积大于此时 $FeCO_3$ 在溶液中的溶解度时，就会沉积到腐蚀产物膜表面；同时，溶液中 Ca^{2+} 或 Mg^{2+} 与 CO_3^{2-} 作用，其溶度积超过其在水中的溶解度时，也会以 $CaCO_3$、$MgCO_3$ 的形式沉积在腐蚀产物膜表面。反应如下：

CO_2溶解于水生成碳酸：

$$CO_2 + H_2O \longrightarrow H_2CO_3 \qquad (5-2)$$

碳酸第一步水解：

$$H_2CO_3 \longrightarrow H^+ + HCO_3^- \qquad (5-3)$$

碳酸第二步水解：

$$HCO_3^- \longrightarrow H^+ + CO_3^{2-} \qquad (5-4)$$

溶液中的 H_2CO_3 与 Fe 的完全反应为：

$$Fe + H_2CO_3 \longrightarrow FeCO_3 + H_2 \qquad (5-5)$$

但是 H_2CO_3 的第二步水解非常的微弱，甚至可忽略不计，因此可以认为溶液中的 H_2CO_3 是以 H^+ 和 HCO_3^- 形式存在的，所以反应物中的大多数物质不是 $FeCO_3$，而是 $Fe(HCO_3)_2$，$Fe(HCO_3)_2$ 在高温下不稳定，发生分解：

$$Fe(HCO_3)_2 \longrightarrow FeCO_3 + H_2O + CO_2 \qquad (5-6)$$

CO_3^{2-} 与溶液中的 Ca^{2+} 或 Mg^{2+} 反应生成难溶的碳酸盐：

$$Ca^{2+} + CO_3^{2-} \longrightarrow CaCO_3 \downarrow \qquad (5-7)$$

$$Mg^{2+} + CO_3^{2-} \longrightarrow MgCO_3 \downarrow \qquad (5-8)$$

可见，高温时，按式（5-5）至式（5-8）反应形成的腐蚀产物＋沉积产物膜对基体保护度明显高于 $FeCO_3 + Fe_3C$ 对基体的保护度。

因此，温度会影响 CO_2 腐蚀机制。另外，温度升高会使 Cl^- 穿透能力提高，进而增加局部腐蚀速率。Cl^- 容易极化，容易在氧化膜表面吸附，形成含 Cl^- 的表面化合物。这种化合物的晶格缺陷以及较高的溶解度，导致膜的局部破裂而发生局部腐蚀。一般在脱氧情况下，Cl^- 浓度在 $10 \sim 100g/L$，腐蚀速率会随着 Cl^- 浓度的提高而提高。Cl^- 的穿透能力强，它很容易进入腐蚀产物形成的表面膜，而使得保护膜较疏松，从而降低了材料的腐蚀抗力。

Cl^- 不是去极化剂，但在腐蚀中起着重要的作用。对 Fe 在含 Cl^- 的 CO_2 溶液中的阴阳极过程提出如下可能的反应机理，阳极反应机理为：

$$Fe + Cl^- + H_2O = [FeCl(OH)]_{ad}^- + H^+ + e^- \tag{5-9}$$

$$[FeCl(OH)]_{ad}^- \longrightarrow FeClOH + e^- \tag{5-10}$$

$$FeClOH + H^+ = Fe^{2+} + Cl^- + H_2O \tag{5-11}$$

阴极反应机理：

$$CO_2 + H_2O = H_2CO_3 \tag{5-12}$$

$$H_2CO_3 + e^- \longrightarrow H_{ad} + HCO_3^- \tag{5-13}$$

$$HCO_3^- + H^+ = H_2CO_3 \tag{5-14}$$

$$H_{ad} + H_{ad} = H_2 \tag{5-15}$$

其中式（5-3）和式（5-5）为腐蚀速率的控制步骤。

Cl^- 不参与钢铁的阴极反应，但是促进钢铁的阳极溶解。Cl^- 浓度增加降低了溶液中 CO_2 的溶解度，使阴极反应以 H_2CO_3 的去极化反应为主。可见，碳钢在含 Cl^- 饱和 CO_2 溶液中腐蚀速率的大小主要受这两者相互竞争的影响。

生产套管材料在气相中的腐蚀速率均远远小于材料在液相中的腐蚀速率；其中在气相中属于中度腐蚀，而在液相中则属于极严重腐蚀；气相条件下材料在 150℃ 左右腐蚀最严重，但未发现点蚀发生；液相条件下材料在 90℃ 左右腐蚀速率最高，且点蚀深入基体。腐蚀表面产物主要为 $FeCO_3$，材料的腐蚀主要腐蚀因素是 CO_2 腐蚀，Cl^- 对材料的局部腐蚀起促进作用。温度的变化是体系腐蚀性的重要影响因素之一，对腐蚀速率的影响主要体现在温度对保护膜生成的影响。

5.2 气举过程中腐蚀防护技术与实践

海上气井复产常采用连续油管气举诱喷方式，气源一般为制氮机制氮或液氮。在实际应用中曾经观察发现当气举气源采用制氮机制氮的情况下，连续油管越接近井底位置腐蚀情况越严重，同时发现管壁铁锈较多，打磨掉铁锈外层后仔细观察，连续油管出现较多凹坑，且深入连续油管壁，同时滚筒外圈三层连续油管也存在不同程度的凹坑，可以判断这种现象为腐蚀造成。

5.2.1 腐蚀机理及防护对策

5.2.1.1 腐蚀机理

对两份腐蚀产物（其中一份为断口附近连续油管外壁的腐蚀产物，另一份为气举工具串上腐蚀产物样品）进行 X 射线衍射分析，结果见图 5-9。从分析结果可知，腐蚀产物主要为铁的氧化物 Fe_2O_3、$FeO(OH)$、Fe_3O_4 及少量的 $FeCO_3$、$CaCO_3$ 和 $MgCO_3$ 沉积盐。

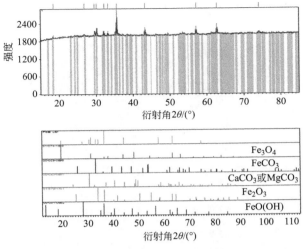

图 5-9　腐蚀产物分析谱图

根据井下工况情况，制定了模拟工况下的平均腐蚀速率试验。腐蚀前后试样的宏观形貌对比见图 5-10，由图可知，试验后试样表面覆盖一层腐蚀产物膜，腐蚀产物膜较为致密。

(a) 腐蚀前试样形貌　　　　　　　　　(b) 腐蚀后试样表面腐蚀形貌

图 5-10　腐蚀前后试样宏观形貌对比

图 5-11 为清洗前后的试样表面的 SEM 照片，清洗前试样表面存在一层较厚的腐蚀产物膜，将腐蚀产物清洗后，试样表面布满了腐蚀

坑，其腐蚀形貌与送检样品腐蚀情况吻合。

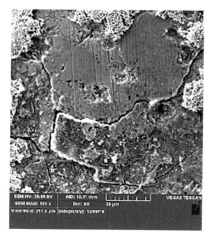 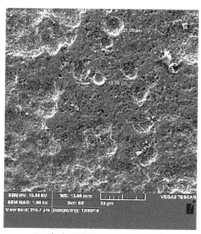

(a) 未清洗的试样表面腐蚀产物形貌　　　　(b) 清洗后试样表面腐蚀坑形貌

图 5-11　清洗前后试样 SEM 照片

该井存在三种可能的腐蚀形式：氧腐蚀；硫化氢腐蚀；二氧化碳腐蚀。通常认为氧腐蚀的腐蚀速率最大，其次是二氧化碳腐蚀。根据气藏资料可知，气举作业期间，泵注氮气的浓度为 $95\%\sim96\%$，氧气浓度为 4.4% 左右；井下返排物检测结果为 pH 值为 6.72，H_2S 溶解量为 30mL/L；返排气体中 CO_2 的含量为 6.8%，发生腐蚀的连续油管工作段温度约 110℃。在该种井况下作业，考虑到 H_2S 含量极少（ISO 15156-2 标准规定，当 H_2S 分压低于 0.3kPa 时，不考虑 H_2S 腐蚀的影响），因此，发生的腐蚀损伤极可能是由氧去极化腐蚀或 CO_2 腐蚀，或两者协同作用造成的。

至此，明确了急速剧烈腐蚀的主要原因是制氮机引入的氧气——即使体积分数仅约占 4%，但注入气量达 $900m^3/h$，故氧气量达 $36m^3/h$，若考虑其十分之一与铁反应，理论上亦可消耗铁 12kg/h，风险极大。而二氧化碳为次要腐蚀介质。

5.2.1.2　防护对策

根据机理分析结果，提出两点防腐对策：气举时控制泵注气体氧气的含量；抑制二氧化碳腐蚀。结合现场实际，具体防腐措施为：气举时使用液氮代替制氮机作为气举气源，以最大限度降低氧气含量；加入耐高温缓蚀剂；加入除氧剂，除去井筒中原有的氧气，以及加注缓蚀剂和注气时引入的氧气。

采用液氮有效降低氧气含量后，难点在于寻找耐 180℃ 高温的缓蚀剂，缓蚀剂加上除氧剂合称为防腐液。

5.2.2　耐高温缓蚀剂的筛选

在高温缓蚀剂筛选过程中，初步筛选了 11 种缓蚀剂，其中国内缓蚀剂 9 种，国外缓蚀剂 2 种。对国内的 9 种缓蚀剂从缓蚀速率、成膜性、亲水性、组分经验判断等方面进行了初步筛选，缓蚀剂相关信息见表 5-13。

表 5-13　缓蚀剂相关信息

推荐的产品型号	主要成分	实验室评价和现场使用的最高温度	使用浓度
IMC-871GH	炔氧甲基胺及其衍生物（发明专利产品）、醚类化合物等	现场使用的最高温度在 100℃ 以下；实验室评价的最高温度也没有超过 120℃	1000 mg/L（在连续性气举时加注）；40～50mg/L（在压井液中加注）
CRS2-4	棕榈酸、二乙烯三胺、马来酸酐合成的咪唑啉衍生物等	缓蚀剂实验室评价时无法做到 175℃ 的高温；现场有用于 200℃ 的情况	注入 CO_2 驱油工艺中添加约 100mg/L；油井产出水体系中添加约 15～30mg/L
BSA-602	保密，没有提供（松香基咪唑啉类）	实验室评价温度 180℃；最高温度可达到 185℃	液相中使用浓度为 3.0%（体积分数）

推荐的产品型号	主要成分	实验室评价和现场使用的最高温度	使用浓度
YB-192	有机胺高分子成分与其他有效成分（咪唑啉类）	实验室评价最高温度到120℃；现场使用温度在120℃以下	环空注气时加注浓度1000mg/L
HYC-4	含 N、P 等多种有机吸附基团的成膜型水溶性缓蚀剂（季铵盐类）	在实验室做过几天高温评价实验。实验室评价最高温度到170～180℃，根据实验结果没有局部腐蚀	连续性加注：100mg/L左右
WD22-306 WD22-307 WD22-308	咪唑啉	现场运用温度不高于120℃；实验室评价的最高温度95℃	液相：80～150mg/L
HYH-9H	咪唑啉类	现场运用温度不高于100℃	使用浓度：100mg/L

5.2.2.1　缓蚀速率对比

对套管取挂片试样，在 90℃ 恒温水浴中分别加注 100mg/L 缓蚀剂进行腐蚀速率测定，结果见图 5-12。可以看出，在实验条件下，几种产品测定的腐蚀速率基本属于一个数量级。

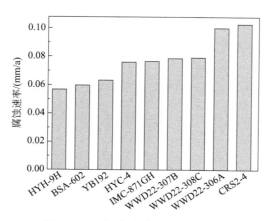

图 5-12　腐蚀速率对比结果图

5.2.2.2 缓蚀剂成模性对比

采用扫描电镜对实验后的试样表面进行形貌观察，对比 9 种缓蚀剂的成膜性，结果见图 5-13。缓蚀剂的成膜性越好，相应的缓蚀效果也越好。

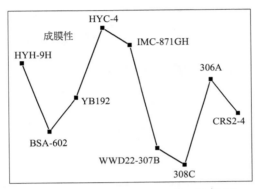

图 5-13 缓蚀剂成膜性对比结果图

5.2.2.3 缓释剂亲水性对比

对 9 种缓蚀剂的亲水性进行对比实验，结果见图 5-14。缓蚀剂的亲水性越好，相应的缓蚀效果也越差。

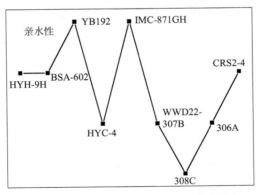

图 5-14 缓蚀剂亲水性对比结果图

从缓蚀效果、成膜性、亲水性、组分经验判断方面初步筛选出 IMC-871GH、HYC-4 两种缓蚀剂与国外缓蚀剂 IR-70 和西安管材所 TG520 一起进入第二轮的高温高压评价及筛选。

5.2.2.4 高温高压模拟实验优选

实验条件：总压 13MPa，CO_2 分压 1.34MPa，150℃，充气海水，10 天，对 IMC-871GH、HYC-4、IR-70 三种缓蚀剂进行缓蚀效果评价，结果见表 5-14，缓蚀剂高温条件下的腐蚀速率对照图如图 5-15所示。

表 5-14 缓蚀效果评价结果

缓蚀剂	状态	腐蚀速率/(mm/a)	平均腐蚀速率/(mm/a)
HYC-4	液相	3.056976002	2.978245989
		2.899515976	
	气相	0.465918919	0.392004513
		0.318090107	
IMC-871GH	液相	4.675038247	4.659951036
		4.644863826	
	气相	0.073202984	0.102974415
		0.132745845	
IR-70	液相	1.981616978	2.284699655
		2.587782333	
	气相	0.054482609	0.083288855
		0.112095101	

根据实验结果选择 IR-70 缓蚀剂与 TG520 缓蚀剂进行评价实验，实验结果对比见图 5-16。

实验条件：温度 170℃，CO_2 分压 1.34MPa，总压 17MPa，时间 10d。

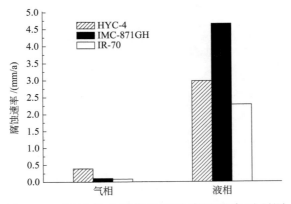

图 5-15 缓蚀剂高温条件下的腐蚀速率对照图

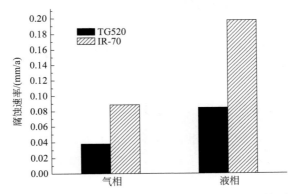

图 5-16 TG520 与 IR-70 缓蚀剂高温评价结果

通过对比，优选出最佳缓蚀剂 TG520 作为气举缓蚀剂。

说明：图 5-15 与图 5-16 实验温度存在差异（150℃/170℃），CO_2通常 90℃ 腐蚀最为严重，温度升高/降低均会使腐蚀速率大幅下降，因而，不同温度下腐蚀效果存在差异属正常现象。

5.2.2.5 除氧剂优选

经过调研，HYHNY-OS 除氧剂在 120℃ 温度下，能较大幅度地提高缓蚀率，证明该除氧剂能有效除氧，见表 5-15。

表 5-15　缓蚀剂与除氧剂配合使用对缓蚀效果的影响

药剂名称	浓度/(mg/L)	平均腐蚀速率/(mm/a)	缓蚀效率/%
空白	—	0.1037	—
缓蚀剂 HXJ-03	30	0.0571	44.97
缓蚀剂 HPY-01	30	—	—
缓蚀剂 SC-08	30	0.0554	46.6
缓蚀剂 HXJ-03＋脱氧剂 HYHNY-OS	30＋250	0.016	84.9
缓蚀剂 HPY-01＋脱氧剂 HYHNY-OS	30＋250	0.0393	62.1
缓蚀剂 SC-08＋脱氧剂 HYHNY-OS	30＋250	0.0129	87.5

5.2.2.6　缓蚀剂与除氧剂配伍性实验

在常温下分别配注 300～3000mg/L 的缓蚀剂和 3% 的除氧剂，观察没有沉淀和絮状物产生。

进行除氧剂效果评价，实验参数如下，实验结果见表 5-16。

实验条件：90℃；缓蚀剂浓度 300mg/L；除氧剂浓度 3%；现场海水，不除氧。

实验中观察除氧剂是否腐蚀试片，实验前后称重，判断除氧剂是否影响缓蚀效率。

表 5-16　缓蚀剂与除氧剂配伍性实验结果

材料	质量/g		表面积/cm²	失重/g	腐蚀速率/(mm/a)	腐蚀速率平均值/(mm/a)
	试验前	试验后				
L80（除氧剂与缓蚀剂）	11.2613	11.2596	13.5094	0.0017	0.02944294	0.0258362
	11.3928	11.3915	13.683064	0.0013	0.02222943	
L80（缓蚀剂）	11.6851	11.6782	13.9846	0.0069	0.11544292	0.1090561
	11.8804	11.8742	14.129272	0.0062	0.1026692	

加注除氧剂后腐蚀速率由 0.109mm/a 下降到 0.0258mm/a。

5.2.3 现场应用

根据除氧剂和缓蚀剂的优选结果，确定现场实施气举时防腐液配方为：缓蚀剂 TG520＋除氧剂 HYHNY-OS，药剂参数见表 5-17 和表 5-18。

表 5-17 TG520 缓蚀剂性能参数

项目	指标
外观	棕红色液体
密度/(g/cm³)	0.96～1.00
配伍性	与其他表面活性剂配伍性良好
pH	5～8
水溶性	水分散性良好，与水互溶

表 5-18 HYHNY-OS 除氧剂基本参数

产品外观	无色或浅黄色
危险组分	亚硫酸钠
CAS 登录号	7757-83-7
大致含量	20%
pH 值(1%水溶液)	8.0～9.5
相对密度	1.120～1.170(20℃)

防腐液配置用量见表 5-19，以其中某口井气举为例，按照相应的井筒容积作为依据。

表 5-19 防腐液配方

项目	用途	配液量/m³	材料	浓度(注入后井筒中)	浓度(配液浓度)
配方 1	连续油管下入前喷淋预膜	8	8m³水＋5kgTG520缓蚀剂	—	600mg/L TG520 缓蚀剂
配方 2	全井筒加注防腐液	30	30m³水＋62kg TG520 缓蚀剂＋207kg除氧剂	300mg/L TG520 缓蚀剂＋1476mg/L 除氧剂	2046mg/L TG520 缓蚀剂＋6900mg/L 除氧剂

项目	用途	配液量/m³	材料	浓度(注入后井筒中)	浓度(配液浓度)
配方 3	排液一个井筒容积后加注	102	80m³ 水＋210kg TG520 缓蚀剂＋1400kg 除氧剂	300mg/L TG520 缓蚀剂＋2140mg/L 除氧剂	2046mg/L TG520 缓蚀＋1.4% 除氧剂

5.3 套损腐蚀防护技术与实践

20 世纪 90 年代投产的 I 期井（A1～A6 井）一直以来是崖城 13-1 气田的主力生产井，井身结构为：26" 隔水套管＋13-3/8" 表层套管＋9-5/8" 油层套管＋7" 尾管。崖城 13-1 气田在日常巡检中发现 I 期 4 口井（A2、A4、A5、A6）套管存在不同程度腐蚀情况。生产过程中通过排查确认 A4、A6 井套管腐蚀最为严重，A4 井 13-3/8" 技术套管及 10-3/4" 生产套管均腐蚀断裂，A6 井技术套管腐蚀断裂，隔水套管和油层套管腐蚀穿孔，且腐蚀深度为排气阀及以下 1～3m 深度处，海面以上 5.8m，仅 7" 油管完好，存在重大安全隐患，I 期同批井中均可能存在类似情况。由于腐蚀带来的套管破损，仍旧会由外至内继续加剧，若不控制将会导致较严重后果。

5.3.1 腐蚀机理

5.3.1.1 腐蚀原因

通过对隔水套管水面以上部分外观进行检查，发现 A4、A5、A6

井在水线以上 4.5m 排气阀处存在局部腐蚀穿孔现象，其他井隔水套管外观正常。

根据以上检查结果分析，套管腐蚀主要是由于隔水套管内长期积存海水，造成表层套管及油层套管腐蚀。套管内的海水主要是在大浪天气，由排气阀处进入隔水套管内部。

在大浪天气下海水灌入排气阀，在平台各井（除 A16 井）C 环空均为敞空的条件下，环空液面与大气直接接触，高温海水在气液界面和蒸汽不断腐蚀内部不防氧腐蚀套管，腐蚀穿透 13-3/8" 表层套管和 9-5/8" 油层套管。

5.3.1.2 腐蚀机理

崖城 13-1 气田Ⅰ期井套损井的共同点在于海水灌入隔水管，处于潮湿的海洋大气环境中的金属套管发生了氧腐蚀。由于 9-5/8" 套管腐蚀断裂处位于套管环空内海平面处，由此判断海水飞溅区的氧浓差电池是造成套管发生严重腐蚀以致管体断裂的主要原因。

（1）氧浓差宏观电池　氧浓差电池是最常见的浓差宏观电池。金属与含氧量不同的介质接触，氧的浓度越高分压越大，钢铁的电位越高，为阴极；界面另一边相比之下电位更负，金属为易被腐蚀的阳极。对于发生腐蚀的 9-5/8" 套管与 7" 套管来说，浸没在海水中的管段在氧浓差电池中为阳极，金属发生活化，相比于其他管段，这一部分更易发生氧化反应，如图 5-17 所示，发生溶解氧对金属的均匀腐蚀和坑蚀。因此，腐蚀断裂最先发生在 9-5/8" 套管与 7" 套管在转盘面下 33.5m 处，即海平面附近。

（2）Cl^- 催化腐蚀　海水中含有 3%～3.5% 氯化钠，氯化钠在海水中以 Cl^- 和 Na^+ 的形式存在，其中，Cl^- 对海水中发生的氧腐蚀有

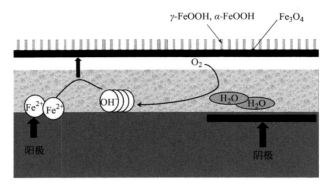

图 5-17   "氧化-还原-再氧化"循环加速反应示意图

促进作用。

在腐蚀产物膜未覆盖的区域，Cl^- 催化机制使得阳极活化溶解，促进了阳极氧化反应，即：

$$Fe + Cl^- + H_2O \Longrightarrow [FeCl(OH)]_{ad}^- + H^+ + e^- \qquad (5\text{-}16)$$

$$[FeCl(OH)]_{ad}^- \longrightarrow FeClOH + e^- \qquad (5\text{-}17)$$

$$FeClOH + H^+ \Longrightarrow Fe^{2+} + Cl^- + H_2O \qquad (5\text{-}18)$$

在腐蚀产物覆盖区域，穿透性极强的 Cl^- 进入腐蚀产物膜与基体交界面，破坏腐蚀产物膜在金属表面的覆盖，增大活性区域面积。

在水气界面处宏观氧浓差电池和氯离子的共同促进作用，导致海平面附近金属严重腐蚀，发生穿孔。

5.3.2 腐蚀防护技术

在腐蚀防护时，套管各环空均需注满防腐液，同时对高温下防腐液缓蚀性能进行评价。

（1）实验方法及条件

① 实验方法   根据 SY/T 5273—2014《油田采出水处理用缓蚀剂性能指标及评价方法》，采用腐蚀失重法进行防腐蚀实验。

② 实验条件　采用 N80 钢，实验温度 180℃，腐蚀 72h。

③ 实验仪器　哈氏合金腐蚀仪。

（2）实验配方见表 5-20。

表 5-20　防腐液配方表
单位：kg/m³

加料顺序	名称	1♯样品加量	2♯样品加量
1	海水	—	—
2	NaOH	3	3
3	PF-ACA	1	1
4	PF-OSY	2	2
5	PF-CA101	20	40

（3）实验结果见表 5-21、表 5-22、图 5-18。

表 5-21　防腐液腐蚀速率表（2%PF-CA101）

钢号	腐蚀前质量/g	腐蚀后质量/g	失重/g	腐蚀速率/(mm/a)	腐蚀速率平均值/(mm/a)	腐蚀状态
744	10.84391	10.8439	0.00001	0.00011	0.0016	表面光滑无点蚀
020	10.90968	10.9094	0.00028	0.00319		表面光滑无点蚀

表 5-22　防腐液腐蚀速率表（4%PF-CA101）

钢号	腐蚀前质量/g	腐蚀后质量/g	失重/g	腐蚀速率/(mm/a)	腐蚀速率平均值/(mm/a)	腐蚀状态
785	10.7944	10.79439	0.00001	0.00011	0.0006	表面光滑无点蚀
709	10.9596	10.9595	0.0001	0.00114		表面光滑无点蚀

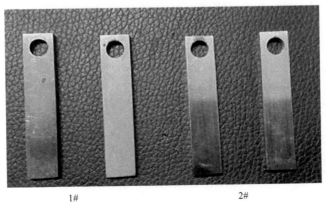

1#　　2#

图 5-18　两种配方钢片腐蚀后对比图

（4）实验结论　PF-CA101 加量为 2% 时，腐蚀速率为 0.0016mm/a，小于行业标准中规定的 0.076mm/a。当加量为 4% 腐蚀虽然有减小的趋势，但是变化很小。因此确定缓蚀剂 PF-CA101 加量为 2%，完全满足现场作业需求。

确定使用防腐液配方为：海水 ＋ 3kg/m³ NaOH ＋ 1kg/m³ PF-ACA＋2kg/m³PF-OSY＋20kg/m³PF-CA101。

（5）防腐液使用　在套管环空或更换套管后，在 13-3/8" 套管、9-5/8" 套管和 7" 油管环空均需灌满防腐液，实现对套管的防护。

6

套损治理技术与实践

6.1　套损井风险评估及治理方法

6.1.1　套损井检测技术

6.1.1.1　机械式检测技术

机械式检测技术主要是指井径测井（MIT），通过电缆将测井仪器串下入井底，通过电信号使测井仪各对称方向角脚释放出来，在弹簧作用下紧贴套管内壁，电缆提拉仪器向上缓慢移动，当套管内径有变化或遇有接箍时，角脚收拢或扩张，在仪器内产生电脉冲信号，通过电缆传至地面接收仪器内并自动记录下来，绘制成套管径向变化曲线。仪器的磁性定位器可同时记录测试点深度，测井后将记录的曲线加以测量、分析、计算，即可得到套管某一深度位置截面上多点坐标，对这一图形测量，即可得到套管的径向尺寸变化，如图 6-1。

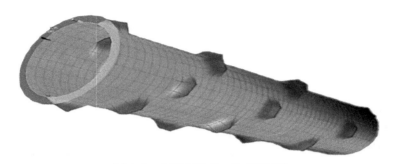

图 6-1　MIT 测井 3D 回放图

井径测井一般在压井状态下进行，海上油田使用的主要有 24、40、60 和 80 臂四种型号，分别适用于不同尺寸套管，可准确检测套管内壁腐蚀、严重裂纹、井壁结垢、弯折、塌陷、孔洞等。

机械式检测技术可测量最大、最小、平均内径，提供扩径类型分析及扩径程度报告及 3D 回放。但由于油套管节箍连接处有一定距离的变径，因此在节箍处 MIT 测量有一定的盲区，也就是说对节箍处的油套管损伤程度 MIT 反映较差，甚至无反映，这是机械方式测井所固有的缺陷，即不能反映管子节箍处和外壁的损伤情况。

6.1.1.2　超声波检测技术

超声波检测技术采用超声脉冲回波检测方法，完成裸眼井和套管井内壁、套管壁厚、井周 360°水泥胶结质量评价。仪器有两种工作模式可供选择，当工作在成像模式时，可完成裸眼井或套管井内壁成像；当工作在全波模式时，可完成套损及水泥胶结质量评价。

　　超声脉冲反射法测量时，发射换能器为自发自收探头，首先对发射探头激励一个超声波脉冲信号。声波脉冲信号在流体中传播然后入射到套管内。其中大部分声波能量反射回来被换能器接收。剩余的声波能量进入套管，声波信号在套管/水泥环和套管/地层表面之间进行多次的反射。在每个表面，都会有一些能量被反射，一些能量传播出去，能量的大小是由两种材料声阻抗的差异决定的。由于套管的声阻抗和流体的声阻抗为常数，所以套管内的信号是以一定的速率衰减，信号的大小依赖于套管外面材料的声阻抗。套管外面材料的声阻抗越大，套管内的共振波幅度越小；反之亦然。利用套管共振波幅度的强弱可以评价套管外面材料的声阻抗大小，进而对套管外水泥胶结质量进行评价。同时，利用套管共振波及声波在套管中的纵波传播速度可以评价套管厚度，原理如图 6-2。

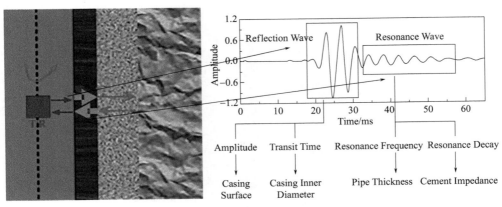

图 6-2　超声波检测技术原理图

　　超声波检测技术可以测量管子内径大小、管子壁厚、第一界面水泥胶结情况；可以进行内壁成像、内径成像、壁厚成像、外壁成像、声阻抗成像。但该技术不反映第二界面固井质量；仪器尺寸大，无法过油管测量，对居中要求高。

6.1.1.3 电磁检测技术

电磁检测技术是根据电磁感应原理，给发射线圈提供一脉冲，接收线圈记录随时间变化的感应电动势，当套管（油管）厚度变化或存在缺陷时，感应电动势将发生变化，通过分析和计算，在单套、双套管柱结构下，可判断管柱的裂缝和孔洞，得到管柱的壁厚。

电磁检测仪器由温度探头、自然伽马探头、纵向长轴探头 A、横向探头 B、纵向短轴探头 C 和上下扶正器组成，如图 6-3。温度探头用来检测井内流体温度场的变化，确定出液口的位置；自然伽马探头探测井身周围自然伽马强度，用于校深；探头 A、B、C 用来检测套管的损伤。

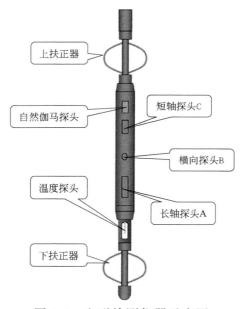

图 6-3　电磁检测仪器示意图

电磁检测技术可透过内层钢管探测外层钢管的壁厚和损坏，如裂缝、错断、变形、腐蚀、漏失、射孔井段、内外管的厚度等。

6.1.1.4 井温与连续流量测井

井温和连续流量测井是将两种不同测井方法在一口井上实施。如果发现井外漏，先测得一条井温曲线，然后向井内连续注入液体，同时分别测出不同压力下的连续流量（注入量），液体注完后，再测井温曲线，对比分析两条井温曲线即可分析判断套管漏失井段，必要时再用机械法核定，即可非常准确地验证出套损井段深度位置和漏失量。

井温测井的测量对象是地温梯度和局部温度异常（微差井温）。仪器电路中采用铜、钨、铝或合金作为热敏电阻，它们对温度都有灵敏的反应，随温度的升高或降低其电阻伴有相应变化。通过测量桥路电位差的变化间接地求出温度变化。井下仪器送到地面仪器的电信号，经电子线路处理，即可得到地温梯度曲线。如局部地温出现异常，则微差井温曲线会有明显变化，分析这种变化，即可得到局部温度情况。

连续流量测井常用于注水井注水剖面的连续测量，用于套损井检测漏失时，仪器需在扶正器作用下置于井轴中央，通过连续测量井内流体沿轴向运动速度的变化而确定漏失井段、漏点的注入量。

6.1.1.5 封隔器试压找漏

封隔器试压找漏技术是油田大修作业中常用的生产套管找漏方法，采用单封隔器或双封隔器分隔井段分别试压并确定其破漏深度。该方法施工时起下钻作业频繁，需要封隔器多次坐封，也受密封效果影响，可以大致确定套管的漏失位置与漏失量，但是破漏形状与长度难以确定。

6.1.1.6　FD 找漏法

FD 找漏法是将油层以上套管当作液缸，堵塞器或皮碗封隔器作为活塞，采用防喷器或封井器密封环空，根据液体不可压缩的原理，通过堵塞器（皮碗封隔器）在套管内的往复运动（或打压），从套管、油管压力表产生的压力值的变化来判别和计算漏失量和漏失深度。

该方法是目前用得比较多的找漏方法，找漏施工方便，准确率高，施工时只需要适合套管尺寸的堵塞器或皮碗封隔器，提放式开关、井口坐有封井器或防喷器即可。

6.1.1.7　印模检测技术

印模检测技术是利用印模（包括铅模、胶膜、蜡膜等）对套管和鱼头状态及几何形状进行印证，然后加以定性、定量的分析，以确定其具体形状和尺寸。印模法检测适用于井下落物鱼顶几何形状、尺寸、深度等的核定，套管变形、错断、破裂等套损程度和深度位置的验证，以及在修井施工过程中临时需要查明套管技术状况等的井况。

印模法检测结果较准确可靠，但施工时间较长，操作繁杂。

6.1.1.8　井下电视

井下电视系统由地面仪器和井下仪器两部分组成。地面仪器由电源/信号接收器、信号解码器、深度计数器、监视器、字幕显示仪、录像机、热敏绘图仪部分组成。井下仪器由马龙头、加重杆、电子线路短节、扶正器短节、光源及摄像头短节等部分组成。

测井时，井下摄像镜头在后置灯光的照明下，对套管内管壁和井筒进行摄像，井下仪器的电子线路对图像信号进行放大处理，产生频率脉冲信号，通过单芯同轴电缆或多芯电缆将频率脉冲信号送至地面接收器，地面接收器对其进行放大解码，形成图像。

6.1.2　隐患井量化风险分析方法

隐患井量化风险分析程序如下：

（1）分析井屏障单元的现状；

（2）识别井内流体泄漏的途径；

（3）计算井内流体泄漏的可能性；

（4）分析泄漏的后果；

（5）分析泄漏的级别；

（6）开展最低合理可行原则（ALARP）分析。

6.1.2.1　井屏障现状分析

井屏障现状分析主要参考标准 NORSOK D010，识别出井在生命周期内各阶段的井屏障，并画出在役井的井屏障图，主要目的是分析各级井屏障单元目前的可靠性水平，用于修正泄漏频率的计算。屏障现状分析应考虑以下方面：

（1）屏障单元的设计是否满足新的工况要求（如井内温度、压力、流体组成发生变化、修井作业的载荷等）；

（2）屏障单元在建井时是否进行了验证，并满足要求；

（3）屏障单元是否进行了定期测试（如井下安全阀，采油树阀门等）；

（4）环空带压的分析。

6.1.2.2 泄漏途径识别

泄漏途径识别主要是参照井屏障图和采油树结构图，识别地层流体从油气藏中泄漏至环境或地层的各种途径，如图 6-4 所示。

6.1.2.3 泄漏可能性计算

主要采用故障树分析法（FTA）来计算井泄漏的可能性。

故障树分析法是一种分析复杂系统可靠性与安全性的重要方法。故障树分析法把最不希望发生的故障状态或事件作为故障分析的目标，再通过对可能造成故障或事件的各种因素进行分析，画出逻辑框图（即故障树），从而确定造成故障或事件原因的各种组合方式及其发生概率，计算出故障或事件概率。

根据对井屏障现状的分析结果，可以将井屏障单元的状态分为 3 类。

（1）完好状态 井屏障单元按照要求进行了设计，建造，验证和监控，不存在任何问题，则其失效概率取通用失效概率。

（2）退化或未验证状态 井屏障单元发生了泄漏，但是泄漏在可接受范围内，或者井屏障单元没有进行验证或定期测试，则其失效概率在通用失效概率和 1 之间。

（3）失效状态 井屏障单元不符合设计要求，泄漏超过了可接受准则，或完全失效，则其失效概率取 1。

6.1.2.4 泄漏后果分析

泄漏后果分析主要是对油气泄漏至环境的安全后果进行分析，可

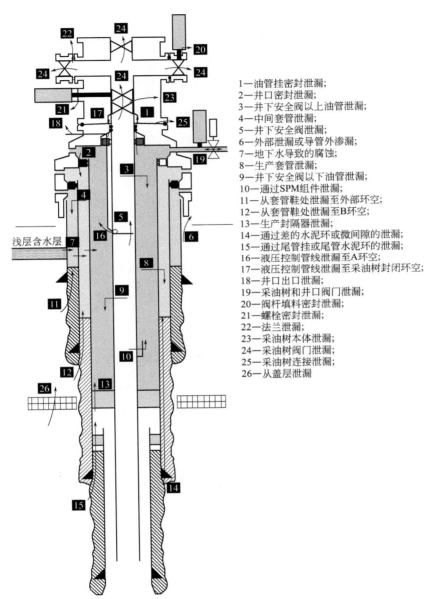

1—油管挂密封泄漏;
2—井口密封泄漏;
3—井下安全阀以上油管泄漏;
4—中间套管泄漏;
5—井下安全阀泄漏;
6—外部泄漏或导管外渗漏;
7—地下水导致的腐蚀;
8—生产套管泄漏;
9—井下安全阀以下油管泄漏;
10—通过SPM组件泄漏;
11—从套管鞋处泄漏至外部环空;
12—从套管鞋处泄漏至B环空;
13—生产封隔器泄漏;
14—通过差的水泥环或微间隙的泄漏;
15—通过尾管挂或尾管水泥环的泄漏;
16—液压控制管线泄漏至A环空;
17—液压控制管线泄漏至采油树封闭环空;
18—井口出口泄漏;
19—采油树和井口阀门泄漏;
20—阀杆填料密封泄漏;
21—螺栓密封泄漏;
22—法兰泄漏;
23—采油树本体泄漏;
24—采油树阀门泄漏;
25—采油树连接泄漏;
26—从盖层泄漏

图 6-4　井泄漏的典型途径示意图

采用专业软件对油气的泄漏、扩散、活塞爆炸进行分析。

按照美国消防协会（NFPA）对物质可燃性等级的划分，海上油气井田的典型流体可按照表 6-1 进行划分。

表 6-1　泄漏介质分级

级别	典型流体	可燃性分类	描述
高可燃性	天然气	NFPA:4	能在常温常压下快速或完全汽化,或在空气中易于扩散和燃烧
中可燃性	原油、凝析油	NFPA:3	液体或固体能在环境温度下被点燃
	柴油	NFPA:2	需要适当加热或暴露在相对较高的环境温度下才能被点燃
低可燃性	焦油	NFPA:1	需要加热后才能燃烧
	生产水(含油花)	NFPA:0	不可燃材料

根据不同的泄漏介质和泄漏速率来确定不同的后果等级,见表 6-2。泄漏速率的计算可采用 OLGA 软件,同时考虑以下因素:

(1) 泄漏尺寸　应根据屏障单元的失效模式,以及不同的泄漏途径,最终确定井内流体泄漏至环境的泄漏尺寸;

(2) 这里的泄漏是指泄漏源有足够的量和压力,若不加干涉,能维持很长的泄漏时间;

(3) 对于毒性气体的泄漏,应单独分析其安全后果。

泄漏安全后果分类如表 6-2 所示。

表 6-2　泄漏安全后果分类

安全后果等级	泄漏量描述
轻微(1)	高可燃介质泄漏<0.01kg/s; 中可燃介质泄漏<0.1kg/s; 低可燃介质泄漏<1kg/s
一般(2)	高可燃介质泄漏 0.01~0.1kg/s; 中可燃介质泄漏 0.1~1kg/s; 低可燃介质泄漏 1~10kg/s
中等(3)	高可燃介质泄漏 0.1~1kg/s; 中可燃介质泄漏 1~10kg/s; 低可燃介质泄漏 10~100kg/s
重大(4)	高可燃介质泄漏 1~10kg/s; 中可燃介质泄漏 10~100kg/s; 低可燃介质泄漏 100~1000kg/s

续表

安全后果等级	泄漏量描述
灾难(5)	高可燃介质泄漏＞10kg/s； 中可燃介质泄漏＞100kg/s； 低可燃介质泄漏＞1000kg/s

6.1.2.5 泄漏级别分析

结合井泄漏的可能性和泄漏后果如表 6-3 所示，通过风险矩阵如表 6-4 所示来确定目前井泄漏的级别。

表 6-3 泄漏可能性分类

可能性大小分级	事件可能性	每年发生概率	行业内发生概率
非常高(5)	极有可能发生	＞10^{-2}	每月都会发生
高(4)	很可能发生	$10^{-3} \sim 10^{-2}$	每季度都会发生
中等(3)	有可能发生	$10^{-4} \sim 10^{-3}$	每年都会发生
低(2)	有可能不发生	$10^{-5} \sim 10^{-4}$	1～3 年内曾发生
非常低(1)	几乎不会发生	＜10^{-5}	3 年以上未发生

表 6-4 风险矩阵

后果大小	泄漏安全后果	失效发生可能性				
		1	2	3	4	5
		非常低	低	中等	高	非常高
1	轻微	1	2	3	4	5
2	一般	2	4	6	8	10
3	中等	3	6	9	12	15
4	重大	4	8	12	16	20
5	灾难	5	10	15	20	25

6.1.2.6 最低合理可行性原则 (ALARP) 分析

ALARP 分析是当前国内外普遍采用的一种项目风险判据原则，它广泛应用于石油天然气、矿山、钢铁以及交通等领域，是业主或作业公司在新建或运营一些有重大危险源设施或项目时进行风险评价、编制安全状态报告，向主管机构汇报和接受安全监督检查的必要程序。

ALARP 分析意义在于：任何工业系统都是存在风险的，不可能通过预防措施来彻底消除风险；而且，当系统的风险水平越低时，要进一步降低就越困难，其成本往往呈指数曲线上升。也可以这样说，安全改进措施投资的边际效益递减，最终趋于零，甚至为负值。因此，必须在工业系统的风险水平和成本之间选择折中方案。

对于隐患井应用 ALARP 原则采取针对性的预防和降低风险的控制措施如图 6-5 所示。

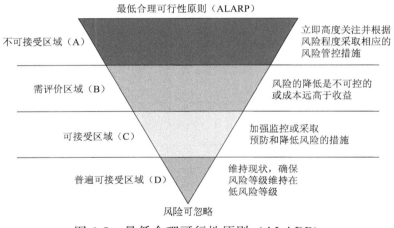

图 6-5　最低合理可行性原则（ALARP）

（1）A 区域　风险不可接受，应立即高度关注并根据风险程度采取相应的风险管控措施；

（2）B 区域　需详细分析，若在当前的技术条件下，进一步降低风险不可行，或者降低风险所需的成本远远大于降低风险所获得的收益，那么可保持井现状并加强监控管理；

（3）C 区域　风险可接受，只需要加强监控管理，采取一些必要的预防和降低风险的措施；

（4）D区域　风险普遍可接受，维持现状生产，确保风险等级维持在低风险等级。

6.1.3　套损井治理技术

6.1.3.1　取换套

取换套技术基本方案为切割打捞损坏的套管，修整割口，套铣打磨割点处套管外壁，下套管外补接器回接新套管至井口。技术适用面广，适应各种尺寸的套管回接，不损失套管内径，可承受一定的抗拉抗压强度，满足密封试压要求，可回收。

6.1.3.2　双封卡

采用两个盲管连接的封隔器在漏点上下坐封，将漏点封堵。该技术应用简单，作业时间短，适用于临时性封堵，但受套管漏点位置的限制影响较大，且容易形成复杂管柱结构。

6.1.3.3　膨胀管补贴

在套管错断、破损、变形和腐蚀的井，利用在井下可膨胀的钢管和密封件，对原井内套管损坏处进行"补贴"、加固和密封。套管膨胀补贴时，液压作用在底堵总成上，将其向下推。同时液压也作用在膨胀锥上，将其向上推。结果，因底堵总成被分瓣卡簧固定住，不能动，而膨胀锥在带动管柱上行的同时胀开补贴管。膨胀完毕后，起出膨胀锥，再下入打捞底堵专用工具，捞出底堵。

6.1.3.4 水泥浆封堵技术

将一定比例的水泥浆挤入地层缝隙或多空地带、套管外空洞破漏处等目的层，候凝后在地层或地层和套管之间形成密封带，达到封堵套管漏点等目的。该技术适用于漏失井段长、漏点多的井，但对于海上平台而言，施工繁琐且工期较长。

6.1.3.5 化学封窜堵漏

从地面向井筒内注入配好的化学堵剂，将堵剂挤入套管破损位置的环空间隙及近井地带的地层孔隙中，驻留并形成具有一定强度和密封性能的封堵段，达到修补套管破损的目的。化学堵漏技术的主要优点是局限性小，能用于各种复杂条件下不同位置的破损修补，而且工艺适用范围广、施工简单且周期短、成本较低。

6.1.3.6 焊接修复隔水管

扶正固定隔水套管，焊接隔水套管，焊接点位置缠绕纳塑钢材料，重新焊接新扶正器（特别是飞溅区的扶正器），内部环空注堵漏材料封固。

6.1.3.7 隔水管打卡子

除掉隔水管表面贝类、海藻、浮游生物、浮漆，均匀涂抹防蚀膏，起始处先缠两层防蚀带，然后依次叠压 1/2，保证各处均有 2 层以上防蚀带覆盖，安装防护管卡，并用螺栓紧固。该技术施工工艺要求高，如果海水渗入，内部腐蚀难以检测。

6.1.4 崖城 13-1 气田套损检测与风险评估

6.1.4.1 套损检测技术适用性分析

根据套损检测技术的优缺点，对其适用性进行了分析：如采用超声波检测技术检测套管壁厚和内径损伤情况，能够提供较详细的损伤评价；刮管作业配合机械式检测技术适用于粘污严重的井的测试；电磁探伤测试技术能够检测多层管柱及结垢井套管损伤情况，但该技术仅能提供套管的相对损伤情况，不能提供内径，多用于普查式检测。其他套损井检测技术需根据实际情况考虑使用，如崖城 13-1 气田在套管检测时运用了井下电视技术：该气田 I 期井隔水套管和表层套管为"敞开"式，在采油树区域可以将水下摄像头放到隔水套管和表层套管的环空内，但个别井由于环空间隙太小，导致摄像头无法下入。

6.1.4.2 现场普查与检测情况

（1）环空压力测试 崖城 13-1 气田生产过程中发现套管异常后，对各井 B 环空压力进行普查，发现 53.8% 的井井口压力正常，其余井口压力为零。通过进一步充压测试，发现 15.4% 的井 B 环空漏气。继续对 B 环空泄漏井进行 A 环空充压测试，均发现有明显压降，个别井在充压过程中发现有明显气体溢出，说明测试井油层套管已破损。

（2）井下电视测试 对发现套管破损的井及同批次井进行井下电视测试，发现隔水管与表层套管的环空处都有海水积存，其中 A 井表层套管和油层套管都出现断裂式破损面，B 表层套管出现断裂式破损，其余井未发现表层套管有明显的破损。

对隔水管环空进行取样，测试表明各井 Cl⁻ 含量与海水相近。分析认为，隔水套管内的海水积存主要是在大浪天气，由排气阀处进入隔水套管内部；且 A、B 两井的表层套管破损面集中在飞溅区附近和飞溅区以上排气阀区域；A 井的油层套管破损处在飞溅区上排气孔的位置。

（3）隔水管漏点测试 通过在隔水套管和表层套管间环空注入淡水的方式测试 A 井和 B 井隔水套管泄漏点，发现 B 井井口隔水管支撑处有漏点，A 井隔水管在海平面以上部位没有发现破损。

6.1.4.3 套损风险分析与评估

根据崖城 13-1 气田检测情况，重点对 A、B 两井的套损风险进行分析与评估。

（1）表层套管和油层套管已破损，油管直接接触高温含氧海水，存在高温蒸汽和气液界面腐蚀。

（2）油层套管断裂，失去支撑力，油管存在大面积腐蚀锈斑。

（3）风浪较小时，失去连接的内部套管不断摇晃，如遇大浪天气，套管会剧烈碰撞油管，撞击极易造成穿孔和加速腐蚀。

（4）A 井井下安全阀不能完全关闭，油管泄漏无法关井。

（5）同批井与 A、B 两口井井况基本相同，存在高腐蚀风险。

综上所述，A、B 两口井泄漏可能性为高（4）；由于表层套管和油层套管的失效，一旦发生泄漏将无法控制，极易引起火灾、爆炸等极端事故，风险后果评级为灾难级（5）。根据风险矩阵判断，两口井安全风险处于不可接受的红色区域，需立即采取风险管控措施及治理措施。

6.2　高温超低压气井套损治理关键技术

6.2.1　不压井机械封隔储层保护技术

不压井机械封隔储层保护技术是指采用成熟的工具，通过钢丝、电缆、连续油管等，在不动管柱的条件下将工具通过油管下入井内，封堵井筒，使储层和修井流体完全隔离的储层保护技术。目前，较为成熟的机械封堵技术有以下几种。

（1）堵塞器　钢丝作业下入堵塞器至套损井 5.75″ 工作筒处（3744.05m），泄压测试堵塞器密封性能，验封失败，无法实现封堵。

（2）自膨胀封隔器　需要在水中浸泡 3～7d，无法满足作业要求。

（3）桥塞　威德福极限桥塞前期修井作业应用效果较差；斯伦贝谢桥塞压力等级无法满足作业要求；哈里伯顿桥塞内径过小，可以作为备用方案。

（4）过油管封隔器　贝克休斯过油管封隔器（TTI）的通径、耐温、承压均合格。

作业过程中为提高封堵可靠性、保证井筒安全，采用耐高温、耐高压的上下两个 TTI 封隔器封堵产层，上部管柱注入作业流体，随时监测井筒状况，确保井控安全。

6.2.1.1　过油管机械封堵技术

（1）技术简介　过油管机械封隔技术是将过油管封隔器（TTI）

下入井内设计位置，液体或气体打压，通过 TTI 中心轴内径上的传压孔向下推动桥塞内部的单向阀使桥塞胶皮内筒与桥塞中心轴连通，这时液体进入到桥塞胶皮里内使胶皮膨胀，压力达到坐封工具剪切值后，坐封工具将会与 TTI 脱开，桥塞上的单向阀会在弹簧机构作用下复位，将膨胀胶皮的液体圈闭在胶皮内起到隔离的效果（图 6-6）。

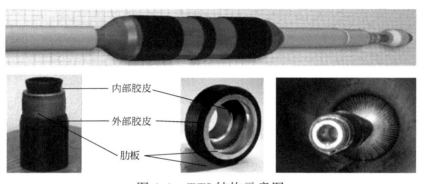

内部胶皮

外部胶皮

肋板

图 6-6　TTI 结构示意图

（2）工作原理　打捞头位于 TTI 上部，可连接坐封下入工具以及提供回收打捞的鱼头，崖城 13-1 气田设计使用的桥塞打捞头为 1.375"外部 JDC 标准打捞头。单向阀在胶皮的上端，其上装有剪切销钉，可通过调整剪切销钉的数量来设定桥塞起始膨胀压力，如图 6-7 所示。桥塞膨胀完成后，桥塞坐封工具从桥塞脱手，产生的内管柱压力降，使单向阀关闭，将液体圈闭在桥塞胶皮内。

平衡阀位于打捞头的下方，回收桥塞时回收工具的导鞋先将桥塞上的平衡阀打开，以平衡桥塞上下方的压力，防止解封桥塞后，桥塞上下压力不平衡造成影响如图 6-8 所示。对于崖城 13-1 气田，此平衡阀打开后，若桥塞下方的气体压力高于桥塞上方的液体压力，气体会通过此平衡阀上的循环孔，运动至桥塞上方，如果气体量足够，可以利用这些气体举升桥塞上方的残余液体。

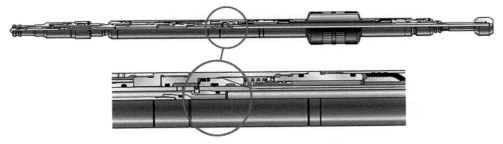

图 6-7　TTI 单向阀示意图

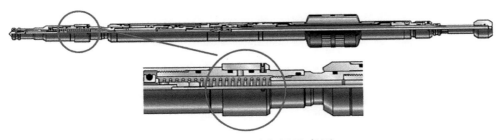

图 6-8　TTI 平衡阀示意图

TTI 内部有解封、回收的机构，可通过改变剪切销钉的数量来调节解封力。对于崖城 13-1 气田 D、F 两口井，安装 6 颗剪切销钉。

（3）回收方案　作业时需在 TTI 上部坐封一个机械式桥塞并填砂，用于承托换套作业中掉落的碎屑，避免碎屑在 TTI 顶部堆积影响其回收。解封此机械式桥塞之前，需彻底清洗其上部的碎屑，防止掉落至 TTI 顶部，影响后续回收。回收上部 TTI 前，下钻具对其顶部进行清洗，清除可能掉落的碎屑。回收程序如图 6-9 所示。

6.2.1.2　氮气坐封过油管封隔器技术

（1）坐封方式选择　不压井的情况下，过油管封隔器可采用电缆或连续油管坐封，为了使作业更加安全可靠，对两种方式特点进行了对比。

① 坐封深度　电缆坐封精度高；连续油管相对略低。

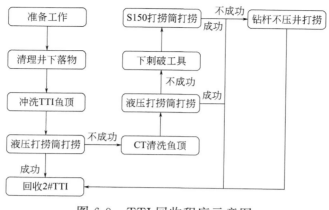

图 6-9　TTI 回收程序示意图

② 可靠性　两种坐封方式可靠性均较高。

③ 探塞　坐封后电缆无法试探坐封稳定性；连续油管可下压试探坐封稳定性。

④ 工具串　电缆坐封工具串复杂，除电缆接头、桥塞及其本身坐封工具外，还需专用电缆坐封工具、压力平衡阀、液体存储器等配合坐封过油管封隔器，工具结构复杂，现场维修困难；连续油管坐封工具串简单，除桥塞及其本身坐封工具、连续油管工具外，仅需增加注液短节即可满足坐封要求，工具结构简单，现场维修方便。

综合考虑崖城 13-1 气田高温超低压气井井况及套损治理对封隔器坐封精度、安全性及现场作业的需求，设计利用连续油管下入过油管封隔器。

（2）测试与分析　过油管封隔器（TTI）胶筒的组成成分是丁腈橡胶和金属肋板，通常采用液压坐封（液压油或水），但低压气井作业液压坐封会造成 TTI 内外压差过大导致提前坐封，同时使用液体坐封，存在部分液体进入井筒，对储层造成污染的风险。因此，计划采用氮气坐封 TTI，并对氮气坐封可靠性进行了测试。

① 测试目的　验证氮气坐封可行性；了解坐封基本参数；测试连续油管注液阀的可靠性。

② 测试工具及设备　2.5″TTI、液压坐封脱手工具、连续油管注液阀、4.5″套管、液氮罐、氮气泵、管线、测试架等。

③ 测试程序

a. 检查工具状态，连接测试工具串：TTI＋脱手工具＋注液阀＋变扣＋油管＋变扣＋泵注管线＋液氮罐＋氮气泵。

b. 将套管固定在测试架上，将测试工具串缓慢吊入套管内，使注液阀高出套管顶部，TTI 底部泄压孔露出套管底端，安装泄压阀和压力表。

c. 通过注液阀注入 10L 液压油，关闭注液孔。

d. 检查坐封流程，启动氮气泵，逐级打压至 13.8MPa，稳压 5min，使胶皮充分膨胀，继续观察 15min。胶皮无液压油泄漏，TTI 与套管壁间始终处于紧密贴合，表明桥塞坐封成功。

e. 利用液压阀将 TTI 内液压油放出，使胶皮回缩解封 TTI，回收并检查 TTI。

④ 测试结果

a. 氮气能够实现 TTI 坐封。

b. 测试过程中未发现液压油泄漏现象，坐封可靠。

c. 氮气泵最高工作压力 69MPa，最大排量 83.45Nm³/min，最小排量 5.0Nm³/min，满足坐封桥塞要求。

d. 连续油管注液阀可以实现连续油管内部注液。

综上所述，氮气坐封过油管封隔器可以有效解决低压气井液压坐封 TTI 易导致提前坐封的问题。

（3）连续油管下入分析与设计　崖城 13-1 气田 D、F 两口井均为

7"油管（内径为 6.184"/157mm），1.5"与 1.75"连续油管均可正常起、下，尺寸越大，安全余量越大；1.75"连续油管在 2000m 位置上提余量约 13.3t，下入余量为 2.5t，如图 6-10 所示。

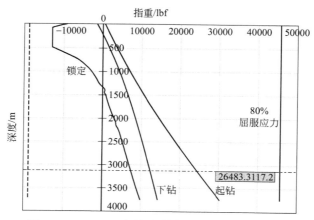

图 6-10　1.75"连续油管模拟下入分析结果

回收工具外径（2.13"）较小，为了使回收工具能够顺利捞到 TTI 的鱼头，设计加工了加大加厚引鞋，安装在回收工具的最下方，使鱼头能顺利导入回收工具中。

（4）防尘传压工艺　氮气坐封 TTI 的过程中，由于制氮机所提供的氮气中含有少量氧气，在井下高温条件下易使连续油管锈蚀，随着气体的持续注入，锈蚀产物堆积在工具串上部，堵塞传压孔，使 TTI 无法正常坐封。为了确保 TTI 的成功坐封，一方面采取抑制措施避免铁锈生成；另一方面设计加工了专用的连续油管内"防尘传压装置"，如图 6-11 所示。

根据前期作业锈蚀产物堆积量，设计了"防尘传压装置"长度，工具加工后，重新进行井下模拟测试，结果表明挡锈、传压效果良好，有效解决了锈蚀堵塞传压孔的问题。

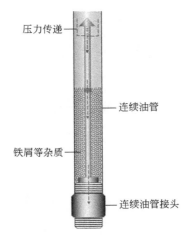

图 6-11　防尘传压装置示意图

6.2.2　套损修复技术

6.2.2.1　取换套技术

（1）取换套作业程序　崖城 13-1 气田 D、F 两口套损井井况基本相同，均需取换套作业，两口井取换套程序为：

① 切割打捞 7"油管、拆油管四通；

② 电测 9-5/8"套管固井质量、下三次封堵管柱；

③ 拆 10-3/4"套管头、切割打捞 10-3/4"及 9-5/8"复合套管；

④ 拆 13-3/8"套管头、切割打捞 13-3/8"套管；

⑤ 磨铣 13-3/8"套管鱼顶、补接 13-3/8"套管、安装套管头；

⑥ 磨铣 9-5/8"套管鱼顶、补接 10-3/4"及 9-5/8"复合套管、安装 10-3/4"套管头；

⑦ 安装油管四通、升高管及 BOP、试压；

⑧ 打捞三次封堵管柱、磨铣 7"油管鱼顶、刮管洗井、回接 7"

油管。

两口井均为 7" 油管，管柱中有安全阀、工作筒等变径工具，F 井为投捞式井下安全阀，内径 3.58"，由于长期未进行投捞作业，钢丝及连续油管打捞均无法捞出安全阀，因而，要实现油管切割，切割比要大于 2.3。

（2）高切割比大尺寸油管切割技术　常用的油管切割技术主要有：化学切割、水力切割、聚能切割及机械切割，综合考虑井况、工具特点、切割比、作业风险、作业空间等因素，优选出 3" DB 割刀作为崖城 13-1 气田过井下安全阀切割 7" 油管工具。

DB 割刀由两个主要部件组成，一个是用于连接到工具串的内部组件，包含顶部接头，芯轴，喷嘴，刀片；外部组件包含传动套，上本体，下本体，底部塞；两个组件是互锁的，滑动传动，并通过传动销轴连接。流动液体（压力）或钻压可以用于激活该工具，外部组件相对于内部组件移动，使刀片沿着预定刀斜面伸出；当释放压力或钻压时，能够通过弹簧复位。工具下端有一个使刀片伸出的斜面，可以使割刀张开时，刀片沿着 45°角张开；只要保持有液压或钻压，刀片就可以一直保持张开。直到 3 个刀片张开，刀体居中；这在大斜度井情况下尤为重要。

为了工具的多功能性，配备了可以互换的喷口以根据具体条件调节不同的流速；三个 5/32" 的水眼推荐最小流量是 218.4L/min；这种带水眼的喷嘴被安装在 DB 扩眼器中；DB 工具也包含一个球和指示器；在实际扩孔作业中，当刀片张开到最大时，可以给使用者一个明确的压力信号。当使用 DB 割刀时，在最小流量（218.4L/min）情况下推荐使用三个 3/16" 内径的喷嘴。

（3）油套管切割设计　结合崖城 13-1 气田井况及作业经验，切割点设计应充分考虑一下因素：

① 防止切割作业过程中损坏外层套管；

② 生产封隔器应坐封在有水泥固井的 9-5/8" 套管段，距离水泥顶大于 150m；

③ 保证生产封隔器与切割点间有 50m 以上距离，便于下入工作筒、尾管悬挂器等井下工具；

④ 满足后期弃井作业要求。

不同油套管的切割方案如下。

① 切割 7" 油管　过井下安全阀切割管柱组合：3"DB 水力割刀＋变扣＋3-1/8" 钻铤 2 根＋变扣＋3-1/2" 钻杆＋变扣接头＋5" 钻杆。正常切割管柱组合：5-3/4" 水力割刀（310）＋5-7/8" 扶正器（311/310）＋5-1/2" 捞杯＋4-3/4" 钻铤 6 根＋3-1/2" 钻杆。

过井下安全阀切割作业需分段进行，先采用 DB 割刀在安全阀下部避开接箍位置割断油管，回收安全阀及上部油管后，再采用常规水力割刀，按照设计位置切割并回收下部油管。

② 切割 9-5/8" 油管　充分考虑腐蚀位置、套管顶部位置（335m）及水泥返高（1765m）等情况，设计在 340m 切割 9-5/8" 套管。

③ 切割 13-3/8" 油管　综合考虑腐蚀点及套管完好性，设计在腐蚀断点以下 20m，即在 58m 处切割 13-3/8" 套管。

6.2.2.2　圈闭压力控制技术

（1）圈闭压力分析与控制　海上生产气井高效开发时，高温高压会带来井口抬升、环空带压等现象，直接影响气井安全生产及开发，甚至带来巨大经济损失。

崖城 13-1 气田目前生产管柱结构与套损治理后生产管柱结构如

图 6-12 所示。

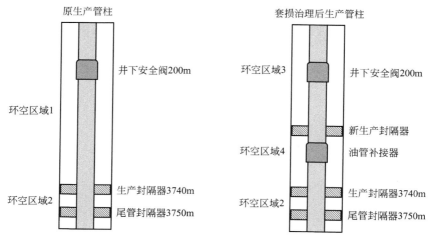

图 6-12　套损治理前后生产管柱对比

原生产管柱中存在两个环空区域：

① 环空区域 2：两个封隔器仅 10m 间隔，空间较小，生产过程中无影响；

② 环空区域 1：可通过井口泄压，消除压力过高影响。

套损治理需下入新生产封隔器＋油管补接器，会将环空区域 1 分隔为环空区域 3 和 4。环空区域 3 仍可通过井口泄压控制环空压力，但环空区域 4 会形成圈闭空间，为避免密闭空间液体受热膨胀对管柱的破坏，经计算封隔器下深不得少于 3350m。

生产封隔器下深超过 3300m，过油管封隔器（TTI）承压大，安全风险高；作业工期加长，油管用量增加，增加修井费用成本；增加后期气举排液难度。

（2）管柱结构优化　为解决上述问题，对管柱结构进行创新设计：采用套管悬挂器（不带密封）＋油管补接器管柱，回接下部油管；生产管柱＋单向插入密封，回插到套管悬挂器上部密封筒如图 6-13所示。正常生产过程中，密闭环空压力上涨到一定压力值后，通过单向插入密封，将环空压力泄压到油管内部，保障管柱安全。

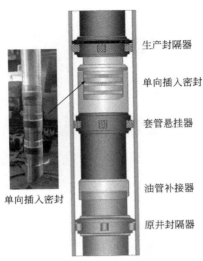

图 6-13　新生产管柱单向插入密封示意图

（3）现场应用　经优化后油管切割深度变浅、TTI 承压减半、油管用量减半、气举排液深度减半，难度大大降低。现场应用，测试单向插入密封环空启动压力 3.45MPa，满足生产要求。

6.2.2.3　井口抬升控制

气井套管程序是由多层管柱相互连接在一起组成的多管柱系统，并在井口由井口装置连接在一起。生产期间各层套管主要受温度、压力以及环空流体膨胀或带压影响，同时也需考虑环空流体温压场、膨胀效应、导热系数、管柱刚度、气井产量、生产时间以及各层套管封固深度等因素的影响。

气井生产时套管所处环境的温度和压力会有所改变。各层套管及环空流体进行热传递的过程中，环空流体的密度会由于温度梯度的变化而发生改变，进而导致环空内液体的浮升力变化，造成环空流体出现热传导、受迫热对流及自然热对流等现象。多种热量传递模式的复合作用产生一部分体积力，从而影响各层套管柱轴向载荷的变化，即由于温度或压力使流体膨胀而产生固定端压力变化。管柱内部压力增加使管柱膨胀，管柱趋于缩短从而使井口设备向下移动；相反，管柱外部压力又会压缩管柱，管柱趋于增长而使井口装置向上移动。

D、F 两口井通过调节套管预张紧力、管柱坐封悬重控制等措施，井口实际抬升为 9.7cm，较原管柱井口抬升（15.4cm）减少 37%。

6.2.2.4 生产管柱设计

（1）油管尺寸优选　根据油藏配产 $45 \times 10^4 \, m^3/d$，不同尺寸油管敏感性分析结果见表 6-5。

表 6-5　不同尺寸油管敏感性分析数据

油管尺寸	井口压力/MPa	临界携液流量/(m³/d)	冲蚀比
3-1/2"	0	—	—
4-1/2"	2.107	47972.2	0.529
7"	4.787	184781.2	0.146

注：冲蚀比＝实际流速/冲蚀速度，冲蚀比小于 1 时无冲蚀，大于 1 时会发生冲蚀。

通过计算对比可知：3-1/2"油管无法满足要求，4-1/2"、7"油管可满足配产要求，同时油藏预测 D、F 两口井出水可能性较低，综合考虑沿用原井 7"油管生产。

（2）管柱选材　气井腐蚀性气体主要为 CO_2 和 H_2S，当 CO_2 与 H_2S 共存时，二氧化碳分压（P_{CO_2}）与硫化氢分压（P_{H_2S}）比值小于 20 时，以 H_2S 腐蚀为主；当比值在 20～500 之间时，为共同腐蚀；当比值大于 500 时，以 CO_2 腐蚀为主。崖城 13-1 气田套损井腐蚀性气体分压数据见表 6-6。

表 6-6　腐蚀性气体分压数据表

地层温度 /℃	地层压力 /MPa	CO$_2$含量 /%	CO$_2$分压值 /MPa	H$_2$S含量 /%	H$_2$S分压值 /MPa
174	5.97	13.97	0.834	0.005	0.0003

由上表可知，CO_2 与 H_2S 分压比值为 2780，远大于 500，套损井以 CO_2 腐蚀为主。二氧化碳腐蚀环境中，当温度低于 60℃时不能形成保护性腐蚀产物膜；当温度为 60~150℃时，腐蚀产物厚而松，易点蚀；温度高于 150℃时产物细密，有减缓腐蚀的作用。

根据腐蚀性气体分压值及《海上油套管防腐设计指南》选材图版，套损井防腐管材落在 13Cr 不锈钢范围内，推荐油管等井下工具使用 13Cr 不锈钢材质如图 6-14 所示。

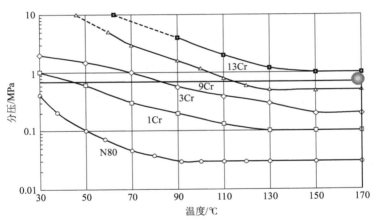

图 6-14　CO_2 腐蚀管材选材图版

6.2.3　大尺寸闭式油管气举排液技术

崖城 13-1 气田以往主要采用连续油管氮气气举诱喷：氮气由连续油管注入，井内液体从生产管柱和连续油管环空返出，注气点以上的气液比增高，压力梯度减小，从而建立较大的生产压差，气液连续从地层流入井底，并以自喷方式流至井口，使气井自喷，达到预期投产效果。而本次套损治理项目气举作业并非诱喷投产，而是将过油管封隔器以上的液体排出，属于大尺寸闭式油管气举排液；连续油管气举清空井筒液体，回收过油管封隔器后投产，气举过程中无储层气体协助排液。

6.2.3.1 气举排液技术优选

根据套损井治理排液需求，对气举排液进行了模拟计算，在现有设备满负荷的注氮气气举条件下（900m³/h），可以举空 1400m 的井筒液柱，但过油管封隔器（TTI）设计坐封在 2100m，单纯采用连续油管气举不能够将井筒内液体排完。回收 TTI 时必须将上部液体返排干净，否则易侵入储层，对于高温超低压气井产能造成影响。因而，需借助气举＋泡排的复合手段来提高气举排液能力。

结合崖城 13-1 气田井况，泡排剂还需要进行起泡能力、耐温、稳定性、消泡性能等进行分析与评价。

6.2.3.2 泡排剂设计

（1）泡排剂浓度优选　对现场使用药剂浓度进行优选，结果见图 6-15。

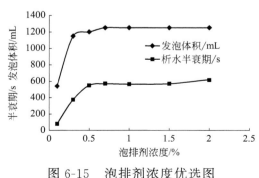

图 6-15　泡排剂浓度优选图

由浓度优选结果可知，泡排剂浓度大于 0.7％时，发泡体积及析水半衰期基本趋于稳定。综合考虑，现场发泡剂使用浓度为 0.7％～1.0％。

（2）药剂用量设计 两口套损井设计 TTI 坐封深度为 2100m，计算单井 TTI 上部修井液量：

$$V=\pi R^2 \times H=3.14 \times 0.078535^2 \times 2100=40.69（\text{m}^3）$$

式中 R——7"油管内径，m；

H——1♯TTI 深度，m。

两口井共需返排液体 81.38m³，按照泡排剂现场使用浓度 1.0％计算，两口井所需的泡排剂总量为 0.8138m³。为了应对现场可能出现的复杂情况，现场作业需配置 2.0m³ 泡排剂。

（3）消泡剂用量 参照以往的消泡剂加药浓度（1.5％），81.38m³ 排液量需消泡剂 1.22m³。为了应对复杂情况，现场作业配置 2.0m³ 消泡剂。

6.3 高温超低压气井套损治理施工方案

6.3.1 过油管封隔器封堵方案

（1）钢丝作业打捞井下安全阀 钢丝作业通井至 200.4m 处的 5.937"CAMCO "DB-6" 工作筒位置，通井工具串组合：2-1/2"绳帽＋5"滚轮加重杆＋万向节＋30"机械震击器＋快速接头＋5.95"通径规。

钢丝作业打捞井下安全阀，捞井下安全阀工具串组合：2-1/2"绳帽＋旋转节＋加速器＋5"加重杆＋2"加重杆＋弹簧震击器＋30"机械震击器＋万向节＋快速接头＋PRS 井下安全阀取出工具。

（2）连续油管下入过油管封隔器　使用连续油管下入过油管封隔器（TTI）至 2150m 坐封，脱手后下压测试坐封可靠性；同样程序下入第二个 TTI 至 2100m，使之实现双级保护，泄井口压力确认封堵合格。

备用方案：如钢丝作业回收井下安全阀不成功，则下入小尺寸 TTI，过井下安全阀坐封后，再切割油管。

（3）井筒内灌注压井液　对 TTI 进行试压，试压合格后在上部井筒内灌压井液，要求压井液具有防腐性、防水锁性，确保井控安全。

6.3.2　更换套管方案

（1）拆采油树，按设计切割、回收 7"油管，切割管柱组合：5-3/4"水力割刀＋3-1/2"钻杆（刀片限位不伤及外套管）。

（2）9-5/8"套管切割点以下 100m 位置下入三次封堵管柱，管柱组合：9-5/8"可回收封隔器＋5-1/2"加长筒＋死堵引鞋。坐封脱手后填砂，防止套管切割、打捞过程中井下落物造成下部封堵工具无法回收。

（3）拆除井口 10-3/4"套管头，回收上部腐蚀套管。

（4）在 340m 处切割 9-5/8"套管（9-5/8"套管顶深 335m，水泥返高 1765m），切割管柱组合：C9 水力割刀配 C9-8-33 刀片＋3-1/2"钻杆；打捞井下断裂套管，钻具组合：10-3/4"套管捞矛＋4-3/4"钻铤。

（5）拆除 13-3/8"套管头，回收上部腐蚀套管。

（6）在 58m 处切割 13-3/8"套管（腐蚀断点以下 20m），切割管柱组合：11-3/4"割刀＋6"钻铤＋方钻杆；打捞井下断裂套管，钻具组合：16-3/4"捞筒（18"引鞋，配 13-3/8"螺旋卡瓦）＋6"钻铤。

（7）修 13-3/8"套管鱼顶，管柱组合：16"引锥磨鞋＋6"钻铤。

（8）清洗 13-3/8"套管外壁，管柱组合：13-3/8"管外清洗工具＋6"钻铤。

（9）回接 13-3/8"套管，管柱组合：13-3/8"套管回接器（本体材质为 4140 合金钢，抗拉大于 136t，抗压大于 136t，密封 68.9MPa，耐温 150℃）＋13-3/8"套管；安装套管头。

（10）修 9-5/8"套管鱼顶，管柱组合：12"引锥磨鞋＋4-3/4"钻铤＋3-1/2"钻杆。

（11）清洗 9-5/8"套管外壁，管柱组合：9-5/8"套管外壁清洗工具＋4-3/4"钻铤＋3-1/2"钻杆。

（12）回接 9-5/8"套管，管柱组合：9-5/8"套管回接器（本体材质为 4140 合金钢，抗拉大于 136t，抗压大于 136t，密封耐压 68.9MPa，耐温 150℃）＋9-5/8"套管；安装套管头、装油管四通、装 BOP。

（13）冲砂、回收三次封堵管柱，管柱组合：专用回收工具＋4-3/4"钻铤＋3-1/2"钻杆。

（14）修 7"油管鱼顶，管柱组合：引锥磨鞋＋4-3/4"钻铤＋3-1/2"钻杆。

（15）清洗 7"油管外壁，管柱组合：7"油管外壁清洗工具＋4-3/4"钻铤＋3-1/2"钻杆。

6.3.3　下生产管柱方案

（1）下入 7"油管回接器，管柱组合：7"油管回接器（本体材质为 4140 合金钢，抗拉大于 136t，抗压大于 90t，密封 68.9MPa，耐温 180℃）＋7"13Cr-L80 NK3SB 油管 2 根＋7"悬挂器（无密封）＋密封筒＋悬挂器服务工具＋3-1/2"钻杆。

下钻至离 7"油管鱼顶以上 10m 位置。

（2）环空顶替防腐液 90m³，使之充满环空。

（3）回接 7"油管，坐挂悬挂器，操作程序为：下压 2t，使鱼顶进入回接器内，继续下压 5t，使鱼顶完全进入密封段内。过提 5t 试拉，确认回接器卡瓦已经咬住油管外壁；保持过提状态，环空打压 16MPa，稳压 30min，压降≤0.5MPa 合格；钻杆内投 38mm 球，打压 13.1MPa，稳压 5min，下压 13t，坐挂悬挂器。

（4）下 7"生产油管，组合回接管柱：插入密封＋5.75"工作筒＋7"油管＋9-5/8"封隔器＋7"油管＋井下安全阀＋流动节箍＋7"油管短节＋7"油管＋油管挂。

（5）拆 BOP、装采油树、坐封封隔器。

6.3.4　气举排液方案

（1）连续油管气举排液流程　将地面管线与连续油管连接，气举流程为：泥浆泵-2"高压硬管-压井管汇-旋塞阀-2"高压软管-旋塞阀-连续油管。对连续油管进行通水检查，记录连续油管内容积，直至通水干净。对连续油管连接头及本体试压，低压 2MPa，稳压 5min，高压 21MPa，稳压 15min 为合格，泄压。

（2）气举排液　连接诱喷工具：1.75"连续油管＋连续油管接头＋MHA＋加重杆＋喷嘴，连接注入头。下连续油管至 300m，导通气举流程，启动氮气泵，以 900m³/h 的排量边下连续油管边气举，直至连续油管下入至 2050m 处，开始定点气举，并监测排液效果。排液效果变差后，泵入泡排剂，继续气举泡排。根据井口泡排取样结果，回收泥浆池加入消泡剂，并记录消泡剂用量。

将井筒液体全部举干净后起出连续油管。起出连续油管到防喷盒，关清蜡阀、主阀，泄压至零。起出速度不超过 15m/min，悬重不能超过安全拉力范围。

6.3.5 回收过油管封隔器方案

（1）作业决策树 作业决策树如图 6-16 所示。

（2）液压式回收工具回收 组合连续油管回收 TTI 工具串：1.75"连续油管＋连续油管接头＋2-1/8"双瓣背压阀＋2-1/8"液压脱手接头＋2-1/8"双驱动循环接头＋变扣＋2.13"机械式扶正器＋4.75"液压可释放打捞筒（带加大引鞋）。

下打捞工具串，当打捞筒罩住桥塞鱼头后，下压 0.8t，打开桥塞上部平衡阀，等待 15min 平衡桥塞上下压力（如有需要，此时打捞工具也可通过连续油管内部循环气体来实现脱手）。上下压力平衡后，缓慢上提解封桥塞，理论需要 2.5t（±15%）的过提力。等待 15min，使胶皮充分回缩，然后再缓慢上提桥塞至地面。通过缩径位置，需密切观察悬重变化。

重复以上步骤来回收 2♯TTI 桥塞。

（3）回收预案

① 预案 1 如果常规回收工具无法将桥塞解封，可以下入刺穿短节，刺破胶皮。工具组合为：刺穿短节＋马达头＋连续油管接头。胶皮刺穿后，可尝试将桥塞往下推一段距离，确认桥塞已解封，然后可

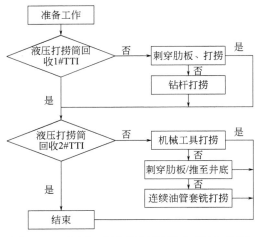

图 6-16 回收过油管封隔器方案示意图

下入 S150 打捞筒进行抓捞。若无法刺破，可在连续油管工具中加入震击器，重新进行刺破与打捞。

② 预案 2 利用 3-1/2"钻杆带铣鞋进行不灌液磨铣作业。将过油管桥塞的金属肋板磨破，解封过油管桥塞，钻具组合：3-1/2"钻杆＋铣鞋。下入 S150 打捞筒回收 1♯桥塞，钻具组合：3-1/2"钻杆＋变扣＋S150打捞筒。

③ 预案 3 若桥塞无法回收，采用连续油管冲洗鱼顶后打捞。如果桥塞仍然无法回收，则采用 1.75"连续油管＋液压马达＋变扣＋铣鞋，对 2♯TTI 进行套铣，或桥塞解封后，将其推至井底，保障气井正常生产。在使用连续油管套铣桥塞过程中，需要向井筒中注入液体以驱动马达转动。桥塞解封后会造成液体入井，最大入井液量为桥塞上部管柱容积 40.7m³。如果气井无法正常生产，需进行额外气举排液或补孔措施。

过油管封隔器回收后，拆除地面气举排液管线，焊接生产管汇法兰，交井。

6.4 现场应用

6.4.1 实施情况

（1）坐封过油管封隔器 D、F 两口井使用 1.75"连续油管下入，氮气坐封 TTI，试压合格 TTI 坐封情况如表 6-7 所示。坐封时受连续油管内铁锈影响应用了传压防尘装置，成功传压使封隔器胶皮完全张开，保障顺利坐封；作业期间井筒稳定，无漏失，实现了"修井液零漏失、地层零污染"。

表 6-7　TTI 坐封情况

井号	TTI 编号	TTI 外径	坐封参数	压力测试
D	1#	4.25	16.5MPa/15min	6.9MPa/60min
	2#	4.25	13.8MPa/10min	24.1MPa/60min
F	4#	3.38	14.5MPa/15min	6.9MPa/60min
	5#	3.38	13.8MPa/15min	24.1MPa/60min

（2）更换套管 D、F 套管腐蚀情况见表 6-8、图 6-17。

表 6-8　套管腐蚀数据表

井号	套管尺寸	断口长度/m	断口井深/m	套管腐蚀状况
D	13-3/8"	0.90	38.73～39.63	外壁腐蚀严重
	10-3/4"	0.77	38.85～39.62	40～64m 套管外壁腐蚀严重；64m 以下套管较完好
F	13-3/8"	0.28	38.16～38.54	断口附近外壁腐蚀严重
	10-3/4"	0.26	39.57～39.83	断口附近套管外壁腐蚀严重；井深 36m 处套管存在缩颈

两口套损井现场补接数据如表 6-9 所示。

表 6-9 油管/套管补接数据表

井号	油/套管尺寸	补接深度/m	拉力测试/t	压力测试
D	13-3/8"	90.89	10	10.3MPa/30min
	10-3/4"	355.36	95	10.3MPa/30min
	7"	1991.30	125	13.8MPa/30min
F	13-3/8"	88.46	10	10.3MPa/30min
	10-3/4"	345.96	95	10.3MPa/30min
	7"	1960.00	125	13.8MPa/30min

D井10-3/4"套管腐蚀情况

D井13-3/8"套管腐蚀情况

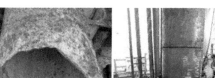

F井10-3/4"套管腐蚀情况

F井13-3/8"套管腐蚀情况

图 6-17 井下取出套管腐蚀情况

D、F 两口井换套作业中，经由特殊设计加工的磨鞋、清洗工具处理后的各层油/套管，均实现了一次补接成功。

（3）气举排液 现场采用泥浆泵泵注发泡剂前置液和顶替液，返出流体使用钻台分离器进行气液分离，如图 6-18 所示。

D 井捞 TTI 前，井筒积液 41m³，使用氮气气举 11.7h，累计排液 28m³；注入 0.6m³ 泡排剂后，0.8h 排液 12m³，累计排液率达 97.6%。

F井捞 TTI 前，井筒积液 40m³，使用氮气气举 12.5h，累计排液 28m³；注入 0.6m³ 泡排剂后，1h 排液 11m³，累计排液率达 97.5%。

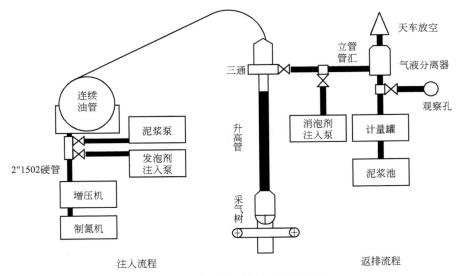

图 6-18 气举泡排流程示意图

由于井筒挂壁，每口井约有 1m³ 液体未排出，两口井累计排液率均超过 97.5%，少量液体对储层基本无影响。

（4）回收过油管封隔器 回收过油管封隔器工具串：1.75"连续油管＋连续油管接头＋2-1/8"双瓣背压阀＋2-1/8"液压脱手接头＋2-1/8"双驱动循环接头＋变扣＋2.4"液压可释放打捞筒（带 4.75"加大引鞋）。下入过程中工具串在油管挂位置遇阻，上下活动多次后通过；继续下至 197m（井下安全阀位置）遇阻，上下活动多次无法通过，起出打捞工具串，检查加大引鞋底端有轻微压痕。

打磨加工打捞筒加大引鞋倒角，重新组合下入连续油管回收 TTI 工具串，下至 1986m（7"油管补接器位置）遇阻，以不同速度上下活动多次无法通过，启动氮气辅助活动，仍无法通过遇阻点。

起打捞 TTI 工具串至井口，加工改造打捞筒，并加大引鞋至5.38"。再次下入连续油管顺利抓住 TTI 顶部鱼头，成功回收 TTI。

6.4.2 实施效果

（1）消除隐患 不压井机械封隔储层保护技术通过下入过油管封隔器机械封堵 7" 油管，有效阻止修井流体侵入储层，避免了储层损害；修井后顺利回收过油管封隔器，保障了气井正常生产。

通过优化取换套方案，成功更换了 D、F 两口井 13-3/8"、10-3/4" 两层套管；同时 F 井运用高切割比油管切割技术，顺利回收井下安全阀，保证换套作业顺利进行。

大尺寸闭式油管气举排液技术成功运用于 D、F 两口井，累计排液率达 97% 以上。

（2）恢复产能 D、F 两口井修井后，产能即刻恢复到修井前水平，结果见表 6-10。

表 6-10 套损治理前后产能恢复情况

井号	修井前测试产量/($10^4\,m^3/d$)	修井后测试产量/($10^4\,m^3/d$)	产能恢复率/%
D	50.1	53.8	107.4
F	50.0	51.2	102.4

修井后两口井产能均 100% 恢复。

综上所述，高温超低压气井套损治理技术成功解决了套损井重大安全隐患，保障了气井的稳产；同时，该技术为高温超低压气井治理提供了宝贵的实践经验。

参 考 文 献

[1] 姜平，王雯娟，陈健，等. 崖城 13-1 气田高效开发策略与实践 [J]. 中国海上油气，2017，29(1)：52-58.

[2] 王雯娟，成涛，欧阳铁兵，等. 崖城 13-1 气田中后期高效开发难点及对策 [J]. 天然气工业，2011，31(8)：22-24.

[3] 谢玉洪，童传新. 崖城 13-1 气田天然气富集条件及成藏模式 [J]. 天然气工业，2011，31(8)：1-5.

[4] 雷霄，吕新东，王雯娟，等. 崖城 13-1 气田水侵宏观评价技术及综合治水措施 [J]. 中国海上油气，2017，29(1)：59-63.

[5] 王香增，杜海峰. 崖城 13-1 气田古近系渐新统陵三段储层特征与沉积微相分析 [J]. 天然气地球科学，2009，20(4)：497-503.

[6] 曾少军，何胜林，王利娟，等. 基于流动单元的测井储层参数精细建模技术—以崖城 13-1 气田陵三段为例 [J]. 天然气工业，2011，31 (8)：12-21.

[7] 成涛，彭小东，吕新东，等. 考虑水侵的多区隔板气藏物质平衡法动储量评价 [J]. 中国海上油气，2017，29(1)：71-75.

[8] 张树林，温到明，夏斌，等. 崖城 13-1 气田储层三维静态模型建立 [J]. 油气地质与采收率，2005，12(3)：9-21.

[9] 梁全权，邹啁，王维娜，等. 产水凝析气井积液诊断研究 [J]. 天然气勘探与开发，2015，38(1)：57-77.

[10] 邹啁. 产水凝析气井井筒积液分析 [D]. 湖北：长江大学，2014.

[11] 邵乐，白清，王凯. 低产低压气井井底积液诊断与预测 [J]. 机械研究与应用，2014，27(6)：166-170.

[12] 刘永辉，关志全，杨建英，等. 零液量气井积液诊断及理论液气比计算 [J]. 石油天然气学报，2011，33(2)：114-117.

[13] 许志伟，宋鹏举. 影响气井携液能力敏感性因素分析 [J]. 辽宁化工，2013，42(8)：952-955.

[14] 曹光强. 中低产水气井诊断预测方法及排液技术研究 [D]. 北京：中国地质大学（北京），2015.

[15] 刘东. 超深井排水采气工艺方法研究 [D]. 北京：中国石油大学，2009.

[16] 黄艳，佘朝毅，钟晓瑜，等. 国外排水采气工艺技术现状及发展趋势 [J]. 钻采工艺，2005，28(4)：57-60.

[17] 钟晓瑜，颜光宗，黄艳，等. 连续油管深井排水采气技术 [J]. 天然气工业，2005，25(1)：111-113.

[18] 陈万钢，刘磊，李亭. 两种排水采气新方法研究 [J]. 科学技术与工程，2016，13(27)：8134-8144.

[19] 曹光强，王云，谭其艳. 毛细管注剂排水采气技术研究 [J]. 钻采工艺，2009，32(5)：34-49.

[20] 郑新欣. 排水采气工艺方法优选 [D]. 北京：中国石油大学，2004.

[21] 曲林，曲俊耀. 排水采气工艺选型的探讨 [J]. 钻采工艺，2005，28(2)：49-51.

[22] 侯光东，张玄奇. 排水采气综合平台软件的研制与开发 [J]. 断块油气田，2005，12(1)：44-49.

[23] 边松伟，陈金科，刘镇领，等. 全自动排水采气装置的研究与应用 [J]. 油气井测试，2015，24(5)：66-69.

[24] 薛方刚，薛刚计. 天然气井排水采气技术研究与应用 [J]. 天然气勘探与开发，2014，37(3)：

49-51.

[25] 欧阳铁兵，田艺，范远洪，等．崖城 13-1 气田开发中后期排水采气工艺 [J]．天然气工业，2011，31(8)：25-27.

[26] 胡志昕．中浅层气井排水采气工艺的研究与应用 [D]．黑龙江：东北石油大学，2014.

[27] 刚振宝，卫秀芬．大庆油田机械堵水技术回顾与展望 [J]．特种油气藏，2006，13(2)：9-18.

[28] 王平美，罗健辉，白凤鸾，等．国内外气井堵水技术研究进展 [J]．钻采工艺，2001，24(4)：28-30.

[29] 刘廷廷．大斜度井堵水油藏工程决策技术研究 [D]．北京：中国石油大学，2008.

[30] 赵丽娟，陈义钧，刘彬．机械堵水管柱验封技术研究 [J]．石油钻探技术，2004，32(6)：47-49.

[31] 陈宁．吉林油田水平井机械找堵水技术研究与应用 [D]．黑龙江：东北石油大学，2012.

[32] 许寒冰，李宜坤，魏发林，等．天然气井化学堵水新方法探讨 [J]．石油钻采工艺，2013，35(5)：111-117.

[33] 金光智．崖城 13-1 气田水淹气井的特征及复产方法 [J]．天然气技术与经济，2013，7(5)：34-36.

[34] 张云福，刘祖林，张荣，等．中原油田气井堵水工艺技术探讨 [J]．石油天然气学报，2005，27(3)：546-547.

[35] 田家林，梁政，杨琳，等．CNG 储气井套管腐蚀疲劳机理研究 [J]．石油矿场机械，2011，40(1)：5-9.

[36] 高纯良．高含 CO_2 气井腐蚀发展机制和预测方法研究 [D]．北京：北京科技大学，2015.

[37] 马宁，刘徐慧，蒲远洋，等．高压地下储气井腐蚀与防护 [J]．石油化工腐蚀与防护，2008，25(3)：23-26.

[38] 尹修利．含 CO_2 天然气气井腐蚀因素分析及对策 [J]．腐蚀与防护，2010，31(1)：71-74.

[39] 黎政权．吉林油田含 CO_2 气井腐蚀与防护技术研究 [D]．黑龙江：东北石油大学，2010.

[40] 赵琳．金属套管腐蚀检测方法与技术研究 [D]．陕西：西安石油大学，2013.

[41] 高德利，赵增新．外应力对套管腐蚀速率的影响 [J]．石油钻采工艺，2008，30(6)：117-119.

[42] 马颖．油水井套管腐蚀穿孔找漏测井技术 [J]．石油矿场机械，2011，40(6)：97-100.

[43] 王选奎，黄雪松，陈普信，等．中原油田气举井油套管腐蚀因素分析 [J]．腐蚀与防护，2001，22(4)：165-168.

[44] 焦滨．成像测井技术在套损治理中的应用 [J]．石油仪器，2008，22(3)：58-60.

[45] 吴庆超．南一区西部区块套损治理对策及效果分析 [D]．黑龙江：东北石油大学，2012.

[46] 郝超．葡北三断块套损井综合防治现场技术研究 [D]．黑龙江：大庆石油学院，2009.

[47] 阎铁，龙安厚，毕雪亮．取换套修井管柱防卡力学分析与计算 [J]．力学与实践，2004，26(4)：44-47.

[48] 田启忠，温盛魁，伊伟锴，等．长井段套管破损补贴修复技术研究与应用 [J]．石油机械，2015，43(11)：88-91.